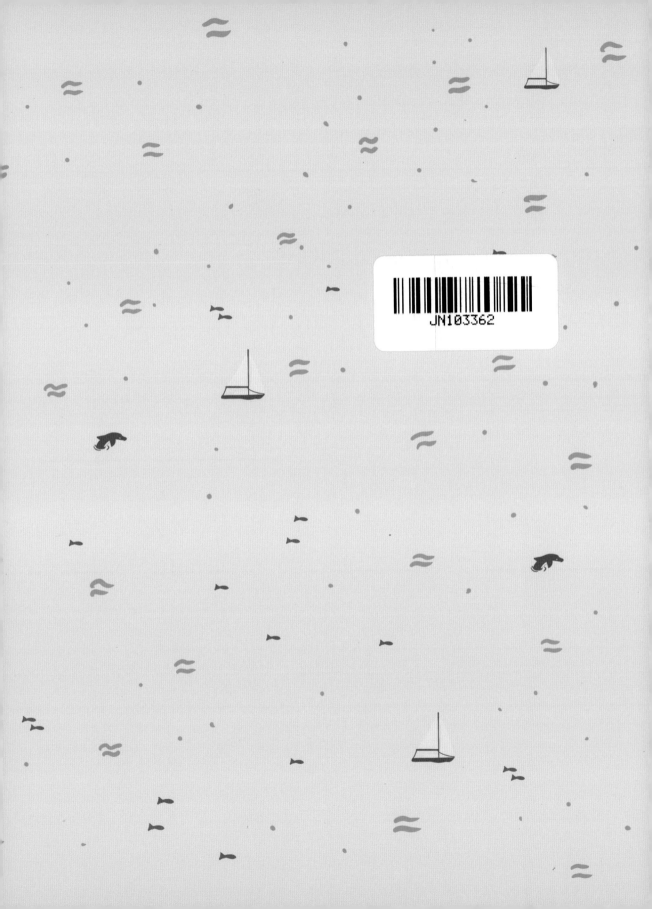

LE RHUM
C'EST PAS SORCIER

著：ミカエル・ギド
絵：ヤニス・ヴァルツィコス
訳：河 清美

ラム酒は楽しい！

絵で読むラム教本

PIE International

〈本文中レシピの表記単位について〉
1tbsp (table spoon) ＝ 大さじ1杯 (約15㎖)
1tsp (tea spoon) ＝ バー・スプーンのスプーン1杯 (約5㎖)
1dash ＝ ビターズ・ボトル1振り分 (約1㎖)
1drop ＝ ビターズ・ボトルから垂らす1滴程度

レシピのシュガーシロップは (砂糖1：水1) を基本としていますが
シュガーシロップ※ (2：1) と記載しているものは (砂糖2：水1) で作ります。

謝辞

執筆にあたり、惜しみなく応援してくれたディマと両親に感謝します。ブルゴーニュの友人、(良くも悪くも)数々のラムを長い年月をかけて一緒に味わった仲間たちよ、ありがとう。そしてこの8年間、私のウェブサイト、ForGeorges.frを愛読してくださった読者の方々、バーとスピリッツ業界の方々に心からお礼申し上げます。コロナ禍で活動が難しい状況にもかかわらず、この本の出版を実現させてくれたヤニス、クリリスティーヌ、ソレーヌに感謝します。
(著者／ミカエル・ギド)

ワイン、ウイスキー、カクテルに続いて、ラムがこのシリーズに加わったことを誇りに思います。私にとっても、輝かしい作品がまた増えました (特に妻はお酒を飲む前に、私がそのお酒について語るのを楽しみにしています)。いつも楽しく仕事のできる仲間たちに感謝します。そして、娘たちがいつか、私と同じようにこのシリーズを楽しく読む日が来ますように。
(イラストレーター／ヤニス・ヴァルツィコス)

目次

序章

ラム。その響きを聞くだけで照りつける太陽、椰子の木、白い砂浜で彩られた想像の世界へと誘われる。さらに海賊が登場することもあるかもしれない。ラムはただの蒸留酒ではなく、私たちの食生活を豊かにする「食遺産」の1つである。他のスピリッツよりも飲みやすいという印象もあるが、多様な表情を持つ奥深いお酒であることに変わりはない。

著者である私は幼少の頃から、祖父ジョルジュの家で様々な食前酒に慣れ親しんできた。ジョルジュの教えで様々なお酒を味わい、知識を深めていった。そして素晴らしいお酒は2つの要素が結合することで生まれることを知った。つまり自然がもたらす上質な素材と、そのポテンシャルを最大限に引き出そうとする人の技である。また祖父からラベルの読み方も学び、時に嘘の情報がそこに隠れていることも知った。

数年前、私はフランスで「ForGeorges」というブログを立ち上げた。ここでの哲学は専門家向けの難解な情報を提供することではなく、スピリッツの魅力をより多くの人に知ってもらうことである。このブログをきっかけに、多くの生産者、バーテンダー、専門店の経営者、愛好家たちと交流する機会を得た。バーテンダーのコンペティションに審査員として参加し、世界各地の蒸留所を訪ね、多種多様なスピリッツを味わうなど、貴重な体験を重ねることができた。

本書はラムに興味を持ち始めた人のためのガイドブックである。ラムの製造工程、その香りと味わいの特徴、テイスティングの楽しみ方など、ジョルジュが申し分のない案内役として、奥深いラムの世界に導いてくれることだろう。

＊本書では、祖父ジョルジュの豆知識が随所にちりばめられている。豆知識については **G** マークを参照のこと。

ラムをたしなむ人たち

ラム酒は南国の島々に住む男性が飲むものと思い込んでいる人もいるだろうが、そんな固定観念は今すぐ消し去ろう。世界のラム消費量は1秒に17ℓを超え、消費人口は年々増え続けている。

若い世代

フランスでは、ラムを飲む10人に4人が18〜35歳の青年だ。ラムは今流行りのスピリッツとして、若年層から人気を集めている。年に1回、クレープを焼くときに棚の奥から出すお酒というイメージはもうない。

カクテルファン

モヒート、ピニャコラーダ、ティパンチなどはカクテル初心者でも聞いたことがある名前だろう。これらのラムベースのカクテルは、数年前から多くのバーで人気カクテルトップ10にランクインしている。

バーテンダー

ラム業界は常に進化し続けている。バーテンダーは新商品が発表されたらすぐに自作のカクテルに取り入れて、今風のアレンジを研究している。

カリブ海の島民

ラム生産はサトウキビ栽培と密接に関係している。カリブ海の島々で、ワインよりも手に入りやすい良質なラムが地酒として愛されるのは当然のことだろう。

女性層

フランスのあるロックバンドの歌に、「ラムと女とビールだって？ なんてこった！」という歌詞がある。このような歌はもう通用しない。今や、世界のラム消費者のほぼ半数は女性である。

ラムの種類

製造方法、産地、熟成年数によって、特徴の異なる多様なラムができる。1つの定義にまとめるならば、ラムはサトウキビから砂糖を造る時に残る糖蜜（モラセス）、またはサトウキビの搾り汁を発酵、蒸留したスピリッツである。

なかなか難しいラム選び

ヨーロッパ産のラムは、EU規則に準じて造られている。ではどのラムも同じ品質なのかというとそうではない。EU域外で生産され、EU域内で販売されているラムは別の規則に基づいて造られている。そのため、どれを選ぶべきか迷ってしまう。

アグリコールラム vs インダストリアルラム

アグリコールラムはサトウキビジュース100%、つまり刈り取ってすぐに砕いたサトウキビの搾り汁から造られる。糖分がたっぷり残ったこの搾り汁には水70%、ショ糖14%、繊維14%、不純物2%が含まれる。

➕ サトウキビの全成分が凝縮された、味わい深いラムに仕上がる。

➖ サトウキビは刈り取ったらすぐに劣化が始まるため、収穫から仕込みまでの工程にスピードが要求される。

インダストリアルラムはサトウキビから砂糖を精製した後に残る糖蜜（モラセス）から造られる。インダストリアルという名はイメージがあまり良くないため、「トラディショナルラム」、「モラセスラム」と呼ぶ傾向にある。糖蜜は砂糖を精製するためにサトウキビの搾り汁を加熱する工程で得られる。黒くてどろっとしたシロップのような液体である。

➕ 糖蜜は保存しやすい。

➖ サトウキビの風味が加熱で弱まる。

アルファベット表記は「Rhum」、「Rum」、「Ron」?

これらは同じラム酒を示す単語ではあるが、生産地が植民地時代にどの宗主国に属していたかによって、アルファベット表記が異なる。フランス、イギリス、スペインの3系統に分かれ、それぞれスタイルやフレーバーも異なる。

「RHUM」（ロム）
小アンティル諸島で生産される元フランス領系のラム。スタイル：ドライ＆フルーティー

「RUM」（ラム）
元イギリス領系のラム。
スタイル：ヘビー＆ストロング

「RON」（ロン）
元スペイン領系のラム。
スタイル：ライト＆マイルド

ダーク、ホワイト、ゴールド?

ダークラム
オーク樽で3年以上熟成させたもの。

ホワイトラム
基本的に樽熟成させない無色透明なタイプ。糖蜜または搾り汁から造られる。

ゴールドラム
大樽やオーク樽などで3年未満熟成させたもの。産地によって「アンバーラム（アンブレ）」、「パイユ」と呼ぶこともある。

豆知識：他よりも格別に優れたラムは存在するのか?
アグリコールラムとインダストリアルラムで優劣を競い合う論争は、今に始まったことではない。しかしながら、一方が他方より優れていることを証明する研究結果は存在しない。他のスピリッツと同様、自分の好みや飲み方に合うラムがベストというだけで、万人が賛同する格付けはあり得ない。

ラムを発明したのは？

名称の変化、文献不足、生産国を引き裂いた戦争などの影響で、誰がラムを発明したのかは今も謎である。それでも、起源を追ってみる意味はあるだろう。

「ラム」という名前の由来

この問いについては、専門家の間でも意見が分かれるところだ。ラテン語で「砂糖」を意味する「saccharum」が語源という者もいれば、英語の俗語で「騒がしいこと」を意味する「rumbullion」に由来するという者もいる。後者の説ではこの語が短縮されて、英語で「RUM」と表記されるようになったと言われている。

豆知識：「BRUM」から「KILL DEVIL」まで

14世紀、マレー人はサトウキビを原料とした発酵飲料を「BRUM」と呼んでいた。
16世紀初め、ラムは「KILL DEVIL」（悪魔殺し）と呼ばれていた。

ラムの発祥地はバルバドス？

バルバドス島は女性シンガー、リアーナの出身地ということで世界的に有名になったともいえるだろう。しかし、ラム愛好家の間では、ラムの生誕地として崇められている。本当かどうかは分からないが、1つ確かなことは、バルバドス島に亡命した英国人の王党派、リチャード・リゴン（Richard Ligon）などによる信憑性のある文献が数多く残っていることである。同氏は1651年に「ラムはサトウキビを原料とした、凄まじく強い蒸留酒」と書き記している。また、現存するなかで最も古いラム蒸留所の権利証書もこの島で発見されている。この証書の日付は1703年で、蒸留所の名は「マウントゲイ」（Mount Gay）となっている。さらに、バルバドス島は1709年にカリブ諸島で最初に砂糖を生産した島でもある。

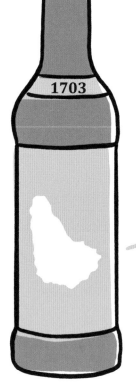

砂糖の歴史

ラムは現代ではヨーロッパ中で親しまれているスピリッツだが、その昔は広く供給する目的で造られていたわけではない。当初、サトウキビはもっぱら砂糖を生産するためだけに栽培されていた。その後、19世紀の砂糖危機で代替作物のビーツ（甜菜）から砂糖を造る方法が発見されて砂糖が余るようになった、19世紀末のフィロキセラ禍でワインができなくなった、などの出来事が重なったことで、サトウキビでできたアグリコールラムの需要が増え、ヨーロッパ大陸に広がっていった。

奴隷貿易の歴史

奴隷の存在に触れずにラムを語ることはできない。彼らがいなければ、このスピリッツは存在しなかったのだから。サトウキビ畑の労働条件は過酷なものだった。農園の領主は当初は現地人（原住民、旧囚人、債務者など）をほぼ奴隷のように働かせていた。その後、ポルトガル人が他の大陸から送られてくる労働者のほうが、現地人よりも逃亡する確率が低いことに目を付け、アフリカ大陸からの奴隷を労働力とするようになった。スペイン、イギリス、フランスの植民者もこれに倣い、アラブやアフリカの商人から奴隷を買い、新しいプランテーションを開拓していった。つまり砂糖市場は数百万人に及ぶ奴隷貿易に支えられていたのである。当時、ブラジルのバイーア地方で、奴隷たちがサトウキビの搾り汁から造ったお酒を好んで飲んでいたことが分かっているが、ラムという名はまだ存在していなかった。

世界中に広がる生産国

ラムといえばすぐに思い浮かぶ伝統的な生産国もあるが、ラムは今や世界中で生産されている。予想もしなかった国で造られた、珍しいラムを発掘できるかもしれない。

マルティニーク

バルバドス

グアドループ

ジャマイカ

カリブ海地域

フランス愛国者であれば、アグリコールラムを主に生産しているフランス海外県、マルティニークやグアドループの蒸留所製のラムを知らないはずはないだろう。カリブ海には他にも世界で初めてラム蒸留が行われた地とされているバルバドスをはじめ、キューバ、ドミニカ共和国、グレナダ、ジャマイカ、プエルトリコなど、世界に名だたるトラディショナルラムの名産地が集結している。

中南米地域

ベリーズ、コロンビア、グアテマラ、パナマ、ニカラグア、ベネズエラなど、スペインの旧植民地国では、口当たりが軽く、まろやかなスペイン系のトラディショナルラム、「Ron」(ロン)を生産している。

ブラジル

この国は特別な存在で、国民的なお酒であるカシャッサ（Cachaça）を造っている。ラムのようにサトウキビを原料としているが、ラムの一種ではなく、別のスピリッツである（カシャッサの詳細はP.102を参照）。

アジア・インド洋地域

フィリピン、タイ、ラオス、レユニオン、モーリシャス島、マダガスカル、インド……。
ラム生産の長い歴史を誇る国もあれば、昨今のラムブームと、熟成に適した環境を追い風にして有名になった新参国もある。

その他の地域

ラムはほぼどこでも造ることができる。パリでもラム蒸留所を見かけることがある。日本、南アフリカ共和国、オーストラリアでも同様だ。つまり、スピリッツの蒸留法を熟知している国であればどこでも、伝統を取り入れながら、新スタイルのラムを生み出せるだろう。

ラム年表

「ローマは1日にして成らず」。ラムも然り。ラムの誕生と発展にまつわる主な出来事と発見を年表にまとめてみた。

紀元前1万5000〜8000年前後

現在のニューギニアの島々の周辺でサトウキビが栽培化したとの伝説が残っている。

紀元前3世紀

砂糖の記録が世界史に初めて登場。古代マケドニアの王、アレクサンドロス3世（アレキサンダー大王）が「インドにはミツバチの力を借りずに甘い汁をもたらす葦がある」との記述を残した。砂糖製造はインド人が世界で初めて行ったと言われている。

7〜8世紀

インド発祥の砂糖製造技術が、イスラム教の拡大とともにアラビア人によって東地中海沿岸にもたらされる。十字軍の遠征により、ヨーロッパ全土へ砂糖が広がる。

12世紀

王侯貴族、聖職者などの上流階級に砂糖が広まり、コーヒーを飲む習慣の普及により消費量が拡大。また、この頃サトウキビを発酵させたビール、「アサーヴァ（ásava）」の造り方が、インド語の説明書、マナソラサ（Manasollāsa）に記される。

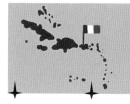

1625年

フランス人による西インド諸島に属する小アンティル諸島への入植が始まる。

17世紀初頭

ラム誕生の歴史には諸説ある。バルバドス島でイギリス人がサトウキビに目をつけ、蒸留したという説、オランダ人のピーター・ブロワーが、同じバルバドス島で1637年に世界初の糖蜜によるラムを生産という説、また、プエルトリコに渡ったスペインの探検家ポンセ・テ・レオンの一隊の中に蒸留技術を持った隊員がいて、現地のサトウキビでラムを生み出したという逸話が残されている。いずれにせよ、17世紀初頭にはラムは存在していたようだ。

1635年

フランス人がグアドループ島、マルティニーク島を砂糖植民地とし、イスパニョーラ島の西部にプランテーションを設立。

1655年

イギリス海軍人、ウィリアム・ペン提督が西インド諸島遠征時に手に入らなかったビールの代わりに、ラムを水兵に支給することを承認。1656年にはジャマイカを占領し、イギリス領とする。

1693年

マルティニーク島に渡ったドミニコ会修道士のペール・ラバ（P.49）が、フランスからコニャックの蒸留機や技師を導入。ラムの品質が格段に向上する。

1777年

イギリスはキューバを占領していた時期に砂糖市場をニューイングランド植民地（後のアメリカ）に開放し、砂糖製造とラム酒製造の近代化が進む。1777年にはキューバのラム酒製造の合法化が行われた。

1800年頃

現在のラム酒製作に多く使われるコラム・スチル（連続式蒸留機）が発明される。コラム・スチルの使用により、効率的にアルコール度数が高められ、量産が可能になった。癖のない味に仕上がることも特徴。

1824年

ドイツ人医師、ヨハン・ゴットリーブ・ベンヤミン・ジーゲルト（Johann Gottlieb Benjamin Siegert）がラム、ゲンチアナ根、他の材料をベースとした「アンゴスチュラビターズ」を考案。

1862年

ドン・ファクンド・バカルディがキューバの港町、サンティアゴ・デ・クーバの蒸留所を購入。「バカルディ蒸留所」（Bacardí）が誕生する。

豆知識：遺体はラム酒に漬けるべきだった……

イギリス海軍の戦艦、ヴィクトリー号の担当軍医は、トラファルガーの海戦（1805年）で戦死したネルソン提督（ホレーショ・ネルソン）の亡骸を、ラムではなくブランデーに漬けて保存し、本国まで運んだことで猛烈に批判されたという。

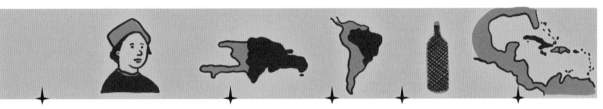

1494年

クリストファー・コロンブスによるアメリカ大陸の発見（1492年）が砂糖の世界史を大きく動かす。1494年にコロンブスは第二回目航海の際に、西アフリカのカナリア諸島で栽培されていたサトウキビを、西インド諸島にあるイスパニョーラ島に移植。ここから、ジャマイカ・プエルトリコ・キューバへとサトウキビ栽培が広がる。

16世紀初頭

スペイン人により、カリブ海のイスパニョーラ島（現ドミニカ共和国の領地）に、製糖所が創立され、その後周辺地域へ製糖工場が広がる。

1531年

ブラジルに製糖所が創設。その後、ブラジルが砂糖生産の中心国となる。

1552年

サトウキビ原料の蒸留酒「カサッシャ（Cachaça）」の語源とされるアルコール、「カシャッソ（Cachaço）」に関する記述が、バイーア州総督トメ・デ・ソウザにより記される。

16世紀後半

キューバでサトウキビの栽培が盛んになり、西インド諸島の中心として島は発展。同時に製糖工場の労働力を補完するために、アフリカから大勢の黒人奴隷が連行される。

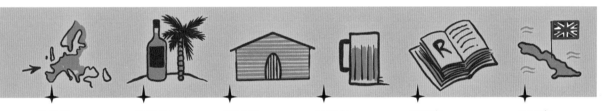

18世紀

品質向上により、ラムが第一級の貿易品として輸出されるようになる。こうして18世紀から、ラムがヨーロッパの国々で嗜まれるようになっていく。

1703年

バルバドス島でラム蒸留所、「マウントゲイ」（Mount Gay）創設。世界一古いラム蒸留所として、現在も操業している。

1740年

ラムを水で割るように命じられた船乗りが、その飲み物を「オールド・グロッグ」（Old Grog）と名付ける。

1741年

1720年にサトウキビ畑の管理を開始した、ジャマイカの「ワーシー・パーク」（Worthy Park）が、ジャマイカ初のラム酒を製造。

1751年

フランスの哲学者・美術評論家・作家のドゥニ・ディドロ（Denis Diderot）が編纂を始めた『百科全書』（1751-1772年完成）に、初めてラムの定義が記述される。

1762年

1762年の6月から8月にかけてイギリスがキューバを一時占領（ハバナの戦い）。1763年にイギリスからスペインに返還されるが、これをきっかけに砂糖生産がさらに拡大する。

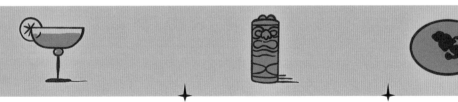

1896年

アメリカからキューバに派遣された鉱山技師たちが、仕事の合間にホワイトラムにライムジュースと砂糖を加えた酒を楽しむようになり、後にアメリカ人技師の一人、ジェニングス・コックスがこのカクテルに、働いていた鉱山の名前を取って「ダイキリ」と名付ける。

1933年

カリフォルニア州ハリウッドに初のティキ・バー『ドン・ザ・ビーチコマー』が誕生。続いて『トレーダー・ヴィックス』などがオープンし、アメリカでティキカルチャーが流行。ラムを使った「マイタイ」「ゾンビ」などのティキ・カクテルが普及する。

1996年

フランス海外県、マルティニーク島のアグリコールラムがAOC（アペラシオン・ドリジーヌ・コントロレ／原産地統制呼称）を取得。以来、高品質のラム造りが続けられている。

スチル：スピリッツを生み出す魔法の壺

インダストリアルかアグリコールかに関係なく、全てのラム生成に欠かせない蒸留機。スチルは発酵液（もろみ）を特殊な蒸留酒に変身させることのできる神器である。まさしく、錬金術と物理化学が交差する場である。

歴史について

スチルの原型「アランビック」は、蒸留酒の製造前からすでに存在し、香水、薬、精油造りに使われていた。「Alambic」という名はアラビア語で「蒸留機」を意味する「al-inbiq」に由来。その語源は、後期ギリシア語で「壺」を意味する「ambix」である。

機能

ラムの蒸留工程において、スチルは加熱と冷却によって、1つのものから複数の要素を分離させるために使用される。その形状や容量、蒸留の回数などによって、特徴の異なるラムが生まれる。

銅の役割

素材である銅は見た目の美しさから選ばれているわけではない。銅は触媒作用と熱伝導に優れた、蒸留に相応しい金属なのである。触媒作用によって、硫化水素（腐った卵の臭い）、フーゼル油を取り除き、フルーティーな芳香を引き出す力もある。銅に接触するアルコールの蒸気が多ければ多いほど、より純度の高い、軽やかな蒸留酒に仕上がる。

スチルは大切なパートナー

ラムの多くは蒸留が終わったら樽熟成を経ずに瓶詰めされるため、どのタイプのスチルを選ぶかがとても重要な鍵となる。特にホワイトラムは、樽熟成で風味を変化させることができないため、蒸留の段階で香味特性を最大限に引き出す必要がある。

様々な蒸留機

単式蒸留機（ポットスチル）

16世紀から存在する蒸留機で、2回の蒸留を必要とする。初留でアルコール度数が25〜30%の蒸留液を得る。そしてこの蒸留液を再留してカットを行い、飲むことのできないヘッド（前留）とテール（後留）を取り除く。そして残ったハート（中留）から最終製品であるスピリッツを得る。

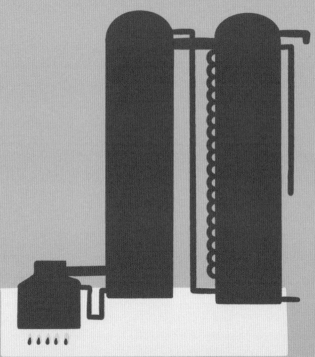

連続式蒸留機（コラムスチル）

この蒸留機が誕生したのは19世紀。発酵液（もろみ）は高い塔の上から投入され、数段の蒸留棚を通って連続的に蒸留される。単式蒸留よりも早く経済的な方法で蒸留機を加熱している間は休みなく稼働する。ラム蒸留所で最も使用されている蒸留機である。フランス領アンティルで使われているクレオールスタイルなど、様々なヴァリエーションがある。

混合式蒸留機

単式と連続式を混合させた蒸留機だが、あまり使用されていない。一度蒸留した液体が、精留用の連続式蒸留機に送られる。

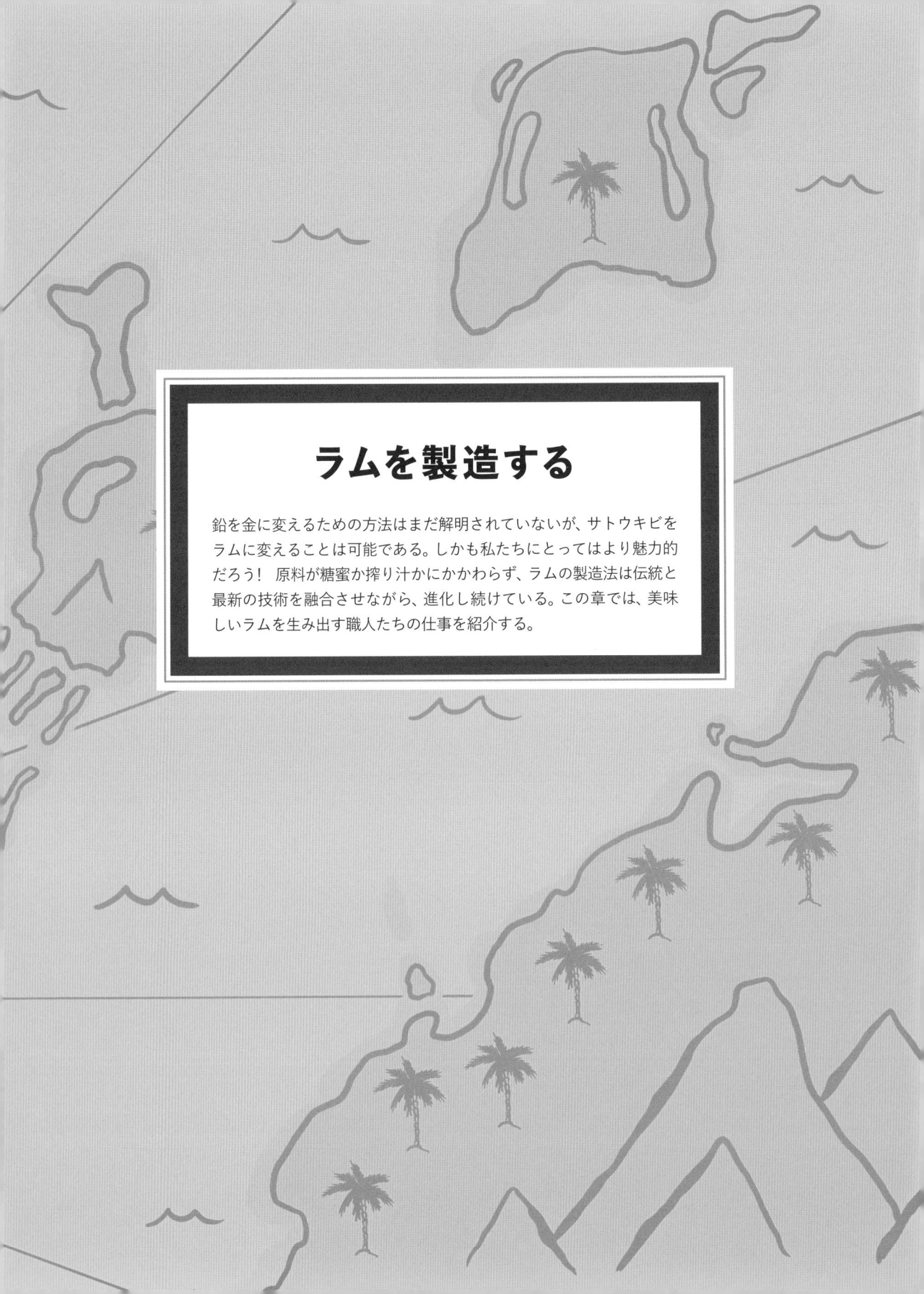

ラムを製造する

鉛を金に変えるための方法はまだ解明されていないが、サトウキビを
ラムに変えることは可能である。しかも私たちにとってはより魅力的
だろう！ 原料が糖蜜か搾り汁かにかかわらず、ラムの製造法は伝統と
最新の技術を融合させながら、進化し続けている。この章では、美味
しいラムを生み出す職人たちの仕事を紹介する。

原料

美味しい料理を作る時と同じように、美味しいラムを造るのにも、できるかぎり良質な原料を揃える必要がある!

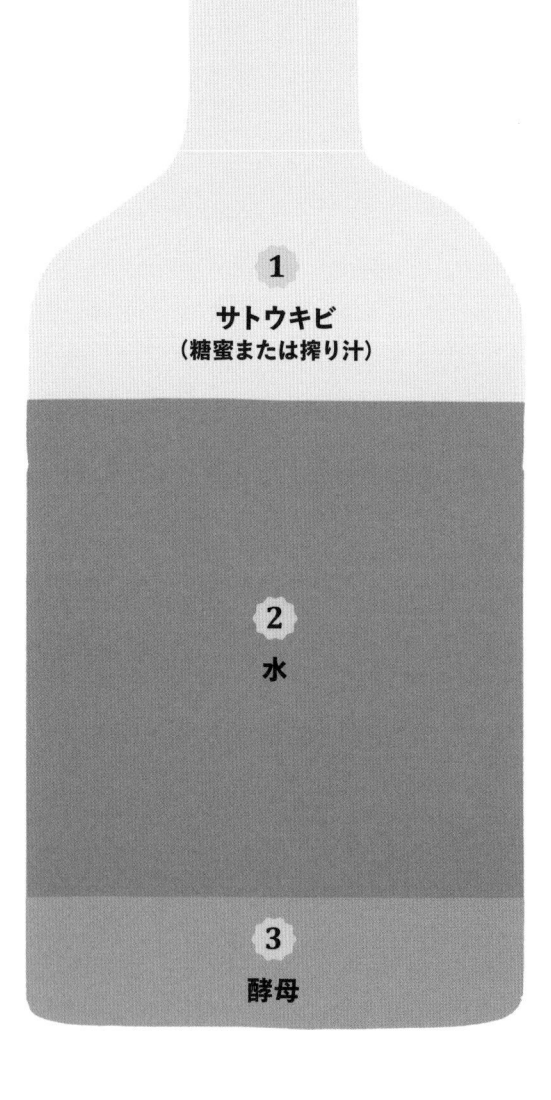

1

サトウキビ

全てのラム製造に欠かせないサトウキビは、イネ科の多年草で、熱帯、亜熱帯地域でよく育つ。高さは3〜6m、茎の直径は3〜5cmで、その内部は中空ではなく、糖分を含んだ柔組織細胞がぎっしり詰まっている。

1
サトウキビ
(糖蜜または搾り汁)

2
水

3
酵母

18世紀末までは砂糖を造ることができる原料は、サトウキビしかなかった。そして今でもサトウキビを原料とする砂糖は世界の総生産量の約70%を占め、年間約20億t(原料糖)が生産されている。サトウキビの重量の約90%が甘い汁で、そのなかには17%以下のショ糖、少量のデキストロース、フルクトースが含まれている。

サトウキビの栽培地

主な栽培地は赤道に近い熱帯・亜熱帯の国々。北の国々ではまず見かけることはないだろう。サトウキビは太陽の光と水が豊富にある地域ですくすく育つ。

みんなの好物

人間だけでなく、昆虫もこの植物に目がない。茎をむしゃむしゃ食べ、根もかじり、さらには病害をもたらす。

品種は1つではない!

ラム生産に最も使用されている交配種を含め、4,000以上の品種が確認されている。

豆知識：どの品種も同じというわけではない

ラム造りに特に適した品種がある。マルティニークなどの多くの生産地は、風土病や除草剤に強い品種を確保するための選定計画を実施している。

水

ラムを造るには、様々な工程で水を必要とする。それはサトウキビを粉砕して搾り汁を抽出する工程から始まる。多くの場合、ラム蒸留所では近くの井戸水または水道水を用いる。絶対条件は塩素を含まず、鉄分、カルシウム、マグネシウム、硫酸を少量含むpH値が中性の水を得ることである。多くの蒸留所は浄水装置を備えている。

水がなければ始まらない

他のスピリッツと同様、ラムの製造工程では大量の水が消費される。1ℓのラムを得るのに約12ℓの水が必要だ。そのため、水が不足している地域では、使用済みの廃水を効率的に再利用することが重要な課題となっている。

ラム製造の様々な工程で必要な水

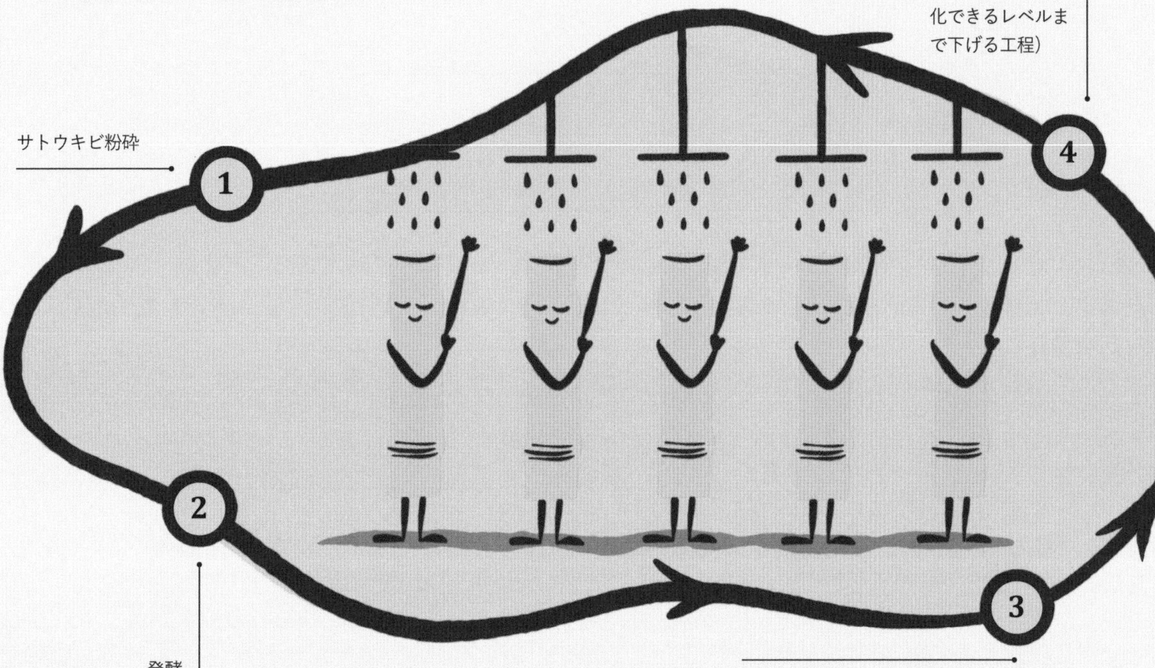

加水 (蒸留液のアルコール度数を消化できるレベルまで下げる工程)

サトウキビ粉砕

1

4

2

発酵

3

蒸留 (アルコール蒸気の冷却)

加水:巧みな技

ボトリング (瓶詰め) の前に最適なアルコール度数に下げるために、ラム原酒に水を加える。その水はできるかぎり無味無臭であることが求められる。多くの蒸留所はミネラル成分や、ラムのアロマを損なう物質を極力除去した純水のみを使うよう努めている。そのためにイオン交換樹脂による技術を用いたり、逆浸透膜法を行っている。

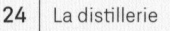

酵母

どの酵母を使用しているか、その秘密を明かす蒸留所はほぼないだろう。酵母の選別はきわめて重要である。酵母は糖分をアルコールと炭酸ガスに分解する。酵母の種類によって発酵にかかる時間も変わってくる。発酵が1日で終わるターボタイプもあれば、数週間もかかるスロータイプもある。

酵母：よく働く菌

酵母は単細胞の菌類で、動物性、植物性有機物の発酵に用いられる。6〜7μmほどの生きた微生物で自然界に広く存在するが、ほとんどのラム蒸留所ではラボで純粋培養した酵母菌株が使用されている。

純粋培養酵母を使わない製法

数は多くないが、大気中に存在する野生酵母の力を借りて「自然発酵」を行っている蒸留所もある。主にヘビーラムの製造に使われる発酵法である。

サトウキビの特徴

サトウキビがなければラムは存在しない！ では、いったいどんな植物なのだろう？
その謎に少し迫ってみる。

Saccharum officinarum L

サトウキビの学名。
語源（ラテン語）は以下の通り。
◆ saccārōn：「竹のこぶで造る砂糖」
◆ officīna：「工房」

つまりサトウキビは「砂糖を生み出す工房」ということになる！ 世界の砂糖生産量の約70%はサトウキビから造られている。

とても複雑な植物

サトウキビのゲノム配列は、2018年にようやく解析された。ヒトの体細胞には46本の染色体があるが、サトウキビの場合は染色体数が100を越えるものもある。

サトウキビの形状

竹に似た茎は細長く、高さ3〜6m、直径3〜5cmである。株あたりの茎数は10〜15本ほど。複数の節があり、節間の内部に糖分が詰まっている。
色は品種によって違い、黄色、緑色、赤色、紫色、褐色のものがある。

葉身
葉鞘
葉
節間
節
茎

サトウキビの生長

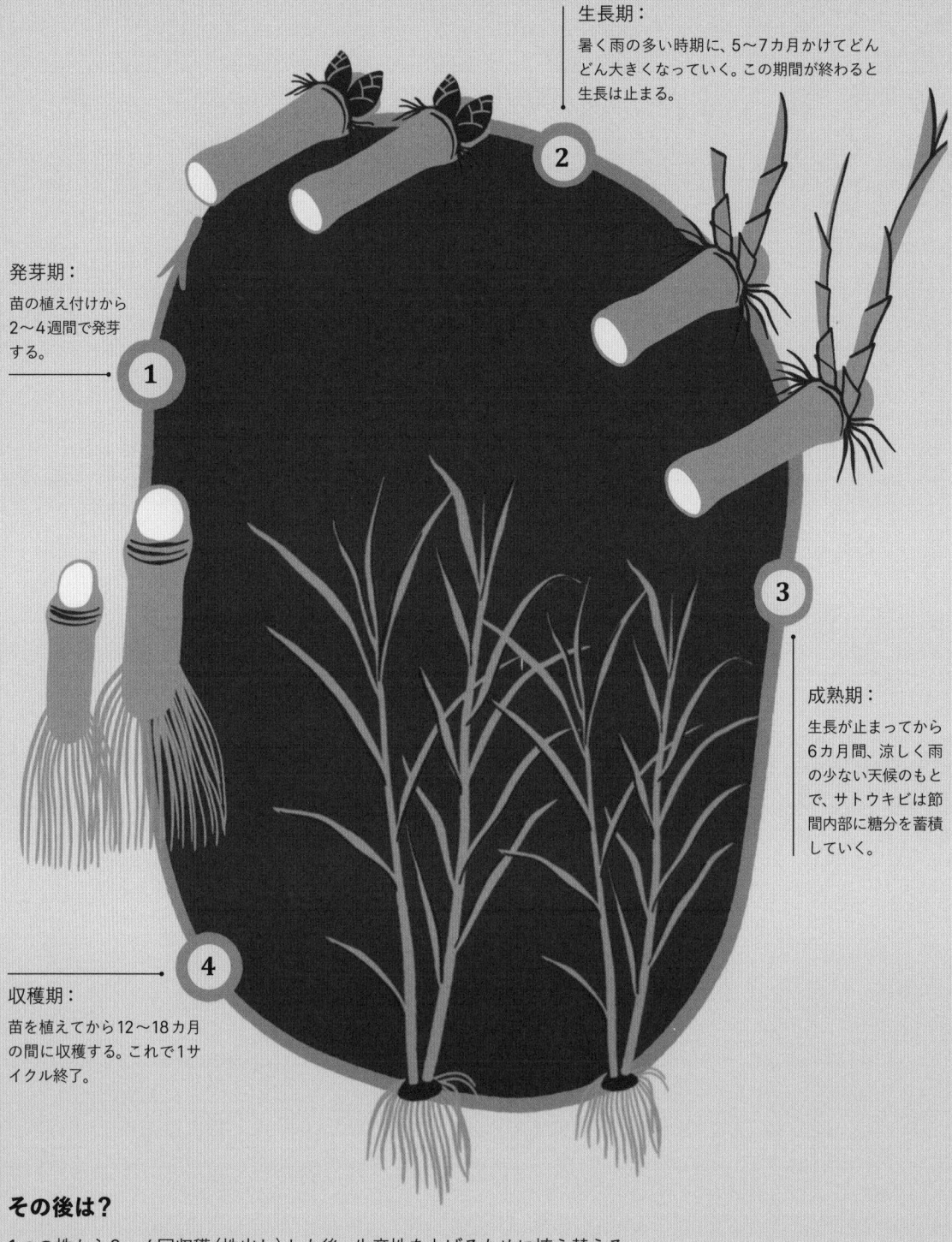

生長期：
暑く雨の多い時期に、5〜7カ月かけてどんどん大きくなっていく。この期間が終わると生長は止まる。

発芽期：
苗の植え付けから2〜4週間で発芽する。

成熟期：
生長が止まってから6カ月間、涼しく雨の少ない天候のもとで、サトウキビは節間内部に糖分を蓄積していく。

収穫期：
苗を植えてから12〜18カ月の間に収穫する。これで1サイクル終了。

その後は？

1つの株から3〜4回収穫（株出し）した後、生産性を上げるために植え替える。

とにかく水が必要

サトウキビは水を大量に吸収する植物だ。乾燥した地域、または乾季のある地域では、雨や大気中の湿気だけでは十分な水量が得られない。そのため散水や灌漑が必要となる。

豆知識：生命の象徴

カナックの文化 (ニューカレドニア) では、サトウキビの節間は、人間の生命の礎を表す。この島では、結婚を控えた男女の親族がサトウキビの小片を贈り合う風習がある。

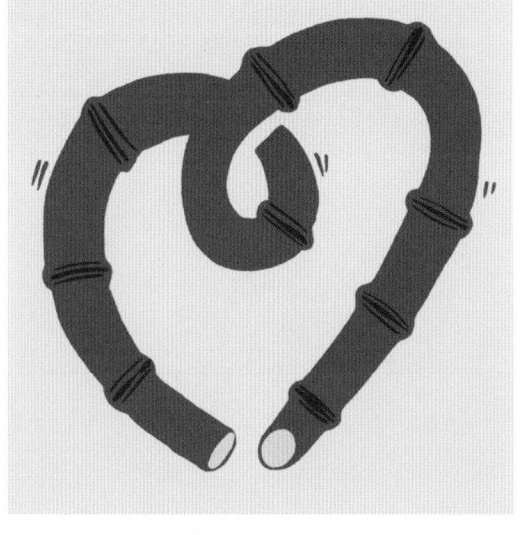

収穫：手作業 vs 機械

サトウキビを収穫する時は、根元の株を残して、茎の部分を伐採する。刈り株は萌芽をさせて、新しい茎を育てるために必要である。糖は根元近くに凝縮されているため、地面すれすれのところで刈り取る。サトウキビといえば、たくましい農民が鉈で刈り取っている光景が思い浮かぶだろう。この手刈りを体験させてくれる蒸留所もあるが、現代では機械化が進んでいる。サトウキビ収穫は重労働であり、畑に潜んでいるあらゆる種類の虫の攻撃にも耐えられる頑丈な体を必要とするため、機械を導入する傾向にある。

手刈り収穫

2

よく研いだマチェテ（またはサトウキビナイフ）を選ぶ。

4

茎に残っている葉や若枝を取り除く。

1

焼き畑
（大気汚染を悪化させるため、抑制傾向にある）
葉、虫、ヘビなどの危険動物を取り除き、伐採しやすくするために、収穫前の畑に火を入れる。

3

茎を地面すれすれに刈り取る。

5

数本を束にして、トラックやトラクターに積む。

機械収穫

「ハーベスタ」と呼ばれる自動収穫機（コンバイン）を使用する。刈り取られた茎は車体内部で約20cmの長さに裁断され、車体後部の収納部へ送られる。

搾り汁（ジュース）vs 糖蜜（モラセス）

アグリコールラムとインダストリアルラムでは何が違うのか？ サトウキビが原料ということは共通しているが、搾り汁をそのまま使うタイプと糖蜜を使うタイプがある。その見分け方とは？

搾り汁（ジュース）の抽出法

サトウキビの搾り汁から造られるラムはアグリコールラムと呼ばれる。サトウキビを圧搾機にかけて粉砕し、甘い汁を搾り出す。この作業は、サトウキビの糖分が消失、酸化するのを防ぐために、刈り入れ後すぐに、24時間以内に行われなければならない。

水で洗い流したサトウキビの茎を圧搾機に送り、回転する数本のローラーで潰して、搾り汁を抽出する。搾りかす（バガス）は燃料にするために回収する。搾り汁は2回濾過し、タンクで保存する。

搾り汁の成分

- 不純物 2%
- 繊維質 14%
- ショ糖 14%
- 水 70%

搾り汁はその後どうなる？

アグリコールラムに使われるだけでなく、サトウキビジュースとしてそのまま消費されることもあれば、赤砂糖や黒砂糖の原料に使われることもある。

何も無駄にせず、全てを再利用

搾り汁の抽出後、繊維質の搾りかす、「バガス」が残る。このバガスは廃棄されず、ラム蒸留所で燃料として再利用される。さらには、電力発電所の燃料、家畜の飼料、「バガパン」と呼ばれる建築資材、堆肥化できる包装資材としても再利用されている。エコロジカル資材として、幅広く活用されているのだ。

糖蜜（モラセス）：別名「廃糖蜜」

糖蜜は製糖後に残る液体であり、昔の人はこれをどのように活用すべきか悩んでいたが、ついにラムを造ることを思い付いた。糖蜜を得るには、まず砂糖を造らなければならない。

サトウキビの搾り汁を煮詰めた後、ショ糖の結晶を取り出した後に残る液体が糖蜜である。茶褐色のどろっとした液体で、搾り汁よりも保存が利く。この液体は製糖業では廃液と見なされる。たとえ糖分が40〜50%残っていて、ビタミンや無機質を含んでいるとしても、砂糖を再び結晶化させることはできないという意味では、そう言えるかもしれない。

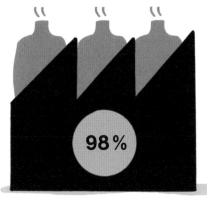

98% インダストリアルラム

2% アグリコールラム

糖蜜：ラムの伝統原料

糖蜜を原料とするラムはインダストリアルラムと呼ばれているが、トラディショナルラムという別名があることも忘れてはならない。ラムが伝統的に糖蜜から造られていた証しである。

糖蜜のメリットは？

糖蜜の使用が圧倒的に多いのは、コスト、長期保存、輸送などの面で大きなメリットがあるからだ。

搾り汁より
コスト安

保存が長く利く
（約1年）

輸送しやすい
遠方の蒸留所まで届ける
ことができる

希少なハイテスト・モラセスとバージン・シュガーケーン・ハニー

サトウキビの搾り汁から砂糖を造らずに、そのまま100%加熱してシロップ化させた液体。
これを原料とするラムも数は少ないが存在する。グアテ

マラ産のラムに使用されるバージン・シュガーケーン・ハニーは、サトウキビの一番搾り汁だけを凝縮させたシロップである。

豆知識：世にも奇妙な事件

1919年の冬、米国ボストンで糖蜜災害が発生。糖蜜用の貯蔵タンクが崩壊し、高さ2.5mの黒い液体の大波が時速55kmの速さで街を飲み込み、21人が死亡した。

製造工程

アグリコールラムでもインダストリアルラムでも、個性のある良質な一品を造るにはノウハウが必要である。

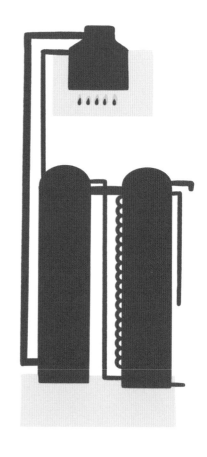

 搾り汁または糖蜜

アグリコールラムの場合、搾り汁をそのまま発酵させる。インダストリアルラムの場合、糖蜜を水で薄めてから発酵させる。

 発酵（ファーメンテーション）

搾り汁や糖蜜の抽出に続く発酵は、良質なラムの製造に欠かせない工程である。糖分をアルコールと炭酸ガスに分解する酵母を投入する。

 蒸留（ディスティレーション）

発酵液（もろみ）を、アルコール度数の高い蒸留液に変える工程。連続式や単式蒸留機を用いる。

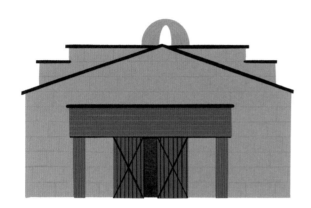

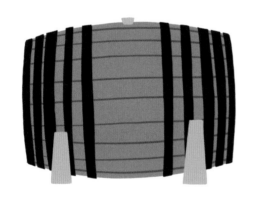

 4

樽熟成（エイジング）

ラムの場合、義務ではない。一部のラムは樽で熟成され、そこで魔法が起こる。貯蔵庫で樽材に触れながらゆっくり時を過ごす蒸留液は、少しずつ深みのあるラムへと変化していく。熟成期間と気象条件によって、色や香味の異なるラムに仕上がる。

 5

瓶詰め（ボトリング）

ラム原酒は樽によって個性が異なる。ボトリングの前にそれぞれの個性を活かしながら、調合（ブレンディング）を行う。この工程はセラーマスターのノウハウがなければ成立しない。

発酵（ファーメンテーション）

他のお酒と同様、発酵はラム製造に欠かせない工程である。搾り汁または糖蜜に酵母を投入して、糖をアルコールと炭酸ガスに変える。ラムのアロマもこの工程で形成される。

発酵とは？

アグリコールラムに使われるだけでなく、サトウキビジュースとしてそのまま消費されることもあれば、赤砂糖や黒砂糖の原料に使われることもある。

高温に注意！

発酵は熱を発生させるため、温度に注意しなければならない。高温になりすぎると酵母の働きが鈍くなり、十分なアロマが得られない。タンクに水をかける、冷水の通る螺旋管を使うなどして、温度を管理する。

工程

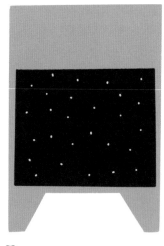

 1
原料（搾り汁または水を加えた糖蜜）をステンレス製のタンク（発酵槽）に入れる。

2
6時間〜3週間かけて温度を調節しながら、酵母を働かせる。発酵時間は酵母の種類、ラムのスタイルによって異なる。

3
発酵が終わるとアルコール度数4〜10%のもろみが得られる。

密閉式？ 開放式？

発酵用タンクには密閉式と開放式がある。

開放式タンク
- 発酵時間がより長い。
- 温度を絶えず管理しなればならない。

密閉式タンク
- 発酵時間がより短い。
- 温度が30℃に保たれるため、
  管理しやすい。

様々な発酵方法

酵母添加による発酵
（バッチ式／回分式）

ラボで純粋培養された酵母を各発酵槽（バッチ）に投入する。発酵時間は2〜3日。発酵槽が違っても、一定のアルコール度数、アロマ特性が保たれる。蒸留所の中には、他では使用していない独自の酵母菌株を使用しているところがある。AOC認定のアグリコールラムはこの発酵方法で造られている。

酵母添加による発酵
（連続式）

1つの発酵槽に糖蜜を投入し続けて、満杯の状態を保つ方法。酵母が休まず働き続ける。

自然発酵

発酵を母なる大地に委ねる。開放式タンクを用いて、酵母を添加せず、大気中に自然に存在する酵母の力を借りる。発酵時間は1〜2週間。現在、この方法はあまり使われていない。「クレラン」(Clairin)というホワイト・アグリコールラムを生産するハイチの小さな蒸留所で代々伝承されている方法だ。

ジャマイカンラムの特殊性

ジャマイカンラムは「スティンキングラム」(臭いラム)と呼ばれるほどの独特なアロマを放つが、それは実に特殊な製法で造られているからである。

ジャマイカ：ラムの聖地！

イギリス系のジャマイカンラムは香味特性が最も奥深いラムの1つに数えられる。ジャマイカには1749年に創業され、今も現役の蒸留所、「アプルトン・エステート」(APPLETON ESTATE)がある。その成功の理由は、他の追随を許さない、どの生産国も羨むほどの力強い骨太の味わいにある。

「ダンダー」(Dunder)：
ジャマイカ式発酵術

他では見られないジャマイカンラムの秘密は、ダンダーを発酵時に加えることにある。
ダンダーは前回蒸留した時の残液のことで、バガス、果物、他の「秘密」の材料と一緒に土中で熟成される。数カ月後、強烈な香味を帯びたペーストを取り出し、発酵槽の液体に投入するのだ！

「ダンダー」の役割は？

酸味、力強い香味、発酵を促す菌をもたらす。

ジャマイカラムの発酵法

アグリコールラムの発酵時間が平均24〜48時間であるのに対し、ジャマイカンラムは15日〜数カ月かけて発酵させる。発酵時間が長ければ長いほど、香味豊かなラムに仕上がる。
ステンレス製ではなく木製の発酵槽を用いる。

「ダンダー」に動物の死骸を漬ける?

ジャマイカの蒸留所では今日もなお、秘伝のダンダーレシピを守り続けており、その材料は謎に包まれている。だが、1903年に出版された植民軍の薬剤師、ペロー（E.A.Pairault）の著書、『ラムとその製法』によると、「動物の皮、肉、タバコ、植物の根でソースのようなものを作り、ラムに加えていた」。なんとも食欲をそそる（?）レシピではないか!

豆知識：エステルを理解する

エステルは非アルコール性の化合物で、ラムの香気成分である。ラムのエステル値は純アルコール1hℓあたりの含有量（g/hℓap）で示される。ジャマイカンラムの多くは、「力強いアロマを帯びた」ハイエステルと分類される。ジャマイカンラムにはエステル値による分類（ライト→ハイ）も存在する。
・Common Cleans：コモン・クリーン（エステル値80〜150）
・Plummers（EMB）：プラマー（エステル値150〜200）
・Wedderburns：ウェダーバーン（エステル値200〜500）
・Continental Flavours／High Esters：コンティネンタル・フレーバー／
　　　　　　　　　　　　　　　　　　ハイエステル（エステル値500〜1700）

強烈すぎるラム

「DOK」（Dermont Owen Kelly-Lawson／ダーモット・オーウェン・ケリー・ローソン）はジャマイカで認められている最大のエステル値、1,500〜1,600g/hℓapを含むことで有名だ。あまりにもパワフルなため、ブレンドラムに少量添加して、アロマを豊かにするために使用されている。

単式蒸留と連続式蒸留

単式蒸留は連続式蒸留よりも歴史が古い。それぞれに長所と短所があるが、まずは蒸留の仕組みを知ろう。

蒸留の歴史をさっとおさらい

蒸留法ははるか遠い昔に発明されたが、実用化されたのはそれほど昔のことではない。

古代ではもっぱら精油や香水を造るために使われていた。蒸留について最初の記録を残したのは、海水の蒸留現象に言及したアリストテレスだと言われている。中世では医学や錬金術に活用されるようになった。8世紀、アラブ人の錬金術師が、ワインを入れたボトルの上部で生成されるアルコールの蒸気に気づき、「araq」（アラク：汗という意味）と名付けた。15世紀になってようやく、蒸留法が主に酒造りに活用されるようになった。

蒸留の役割

発酵後のもろみをアルコール度数の強い酒に変えるだけでなく、ラムにとって重要な次の3つの特徴に影響をもたらす。

テクスチャー　　　アロマ　　　バランス

そのため、蒸留の工程を完璧にコントロールして、上質なラムに仕上げるのに有益な化合物のみを残すことが重要な鍵となる。

危険な仕事？

蒸留はスチルマンによる常時監視を必要とする工程である。近代化された蒸留所では事故を減らすために、数々の安全措置が設けられている。安全対策が十分ではなかった時代、火事や爆発がよく起きていたことは事実である。

蒸留の原理

ここで少し化学の授業となるが、簡単にまとめたので難しく考えないで！　蒸留とはそれぞれの液体の沸点の違いを利用した分離・精製方法である。蒸留はある物質を他のものに変化させるのではなく、ただ各要素に分離・精製するだけである。熱の作用で物質が時間差で蒸発していくが、アルコールの蒸気を凝縮させることで、蒸留液が得られる。水は100℃、アルコールは約80℃で気化する。好ましい化合物のみを抽出し、目標とする香味を得るために、80℃よりもやや高い適温に調整する繊細な作業が必要となる。こう説明すると簡単そうだが、実際の蒸留工程はもっと複雑で、求める成果物を得るためには様々なパラメーター（圧力、容量など）を微調整しなければならない。

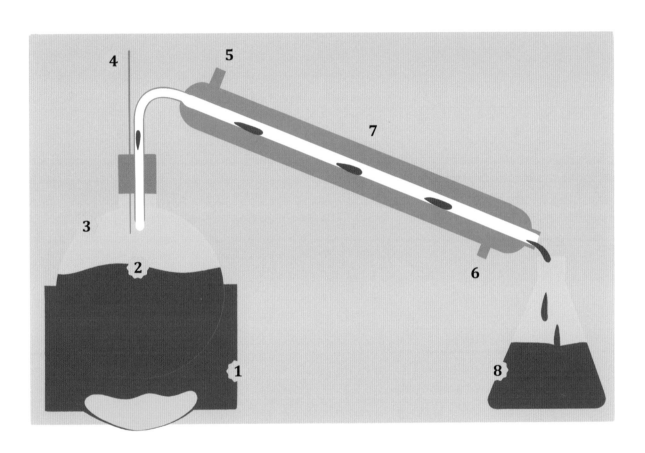

熱源でもろみを加熱する

もろみを沸騰させる

蒸留釜

サーモメーターで
蒸留時の温度を管理する

冷却コンデンサー用の
水が排出される

冷却コンデンサー用の
水が入る

冷却コンデンサーでは、
冷水が外側の管の中を
循環する

再液化されたアルコールを
蒸留液という

単式蒸留

スコットランドでシングルモルトウイスキーの製造に用いられている伝統方式。
ポットスチルに入れたもろみの分（バッチ）ごとに蒸留する（回分式）。

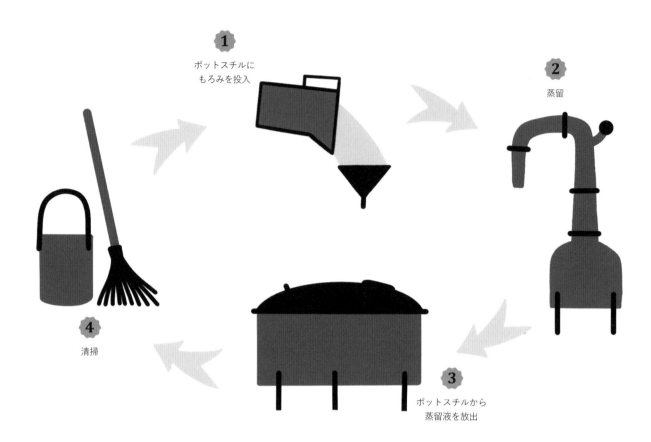

1
ポットスチルに
もろみを投入

2
蒸留

3
ポットスチルから
蒸留液を放出

4
清掃

この方式では1回の蒸留で得られる蒸留液の
アルコール度数が低いため、引き続き2回目
の蒸留を行わなければならない。初留で得ら
れる、アルコール度数が20〜30%のローワ
インは再留される。この工程で蒸留液を3部
に分けるカットを行い、アルコール度数が65
〜75%の中留部（ハート）のみを取り分ける。

単式蒸留では次の3タイプのポットスチルが
多く用いられている。
🝆 スコットランド型ポットスチル
🝆 アイルランド型ポットスチル
🝆 シャラント型ポットスチル

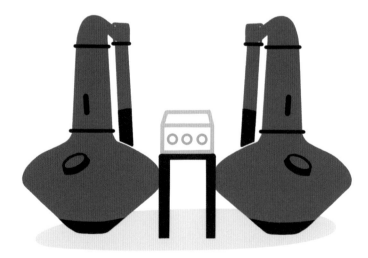

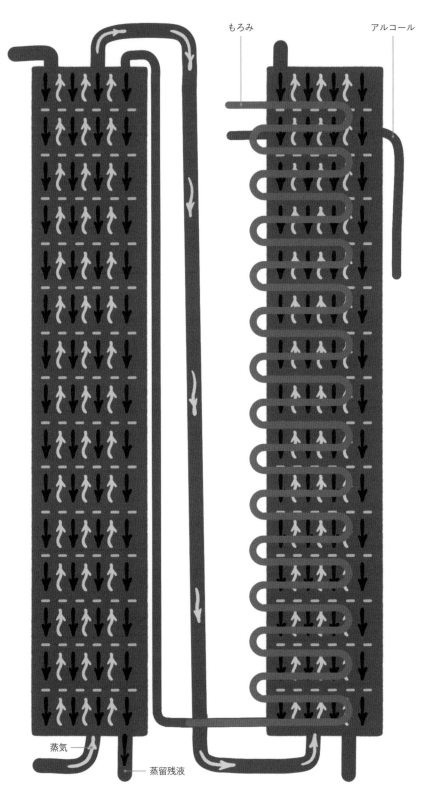

もろみ　　　　アルコール

蒸気

蒸留残液

連続式蒸留

この方式では柱状連続式蒸留機、コラムスチル（2～4塔）を用いる。発明者、イーニアス・カフェ（Aeneas Coffey）の名にちなんで、カフェスチルとも呼ばれている。もろみを単回ずつではなく連続投入して、休みなく蒸留できる。

その仕組みは？

柱状の蒸留機の中には、数段の蒸留棚が設置されている。高い所から投入されたもろみは各棚を通る時に、下から送りこまれた蒸気で加熱される。もろみと接触した蒸気によりアルコールとアロマが凝縮されていく。アルコール濃度を最大限に高めるために、より大型のコラムスチル、あるいは数塔からなるコラムスチルが考案された。

豆知識：
無駄のないプロセス

蒸留する度に残る蒸留廃液は有機物を豊富に含んでいる。1ℓのアルコールを生成するのに、約10ℓの蒸留廃液が残る。多くの蒸留所がこの廃棄物の再利用化に取り組んでいる。

例：
・サトウキビ畑に散布する
・エネルギー源として
　メタン化する
・蒸発乾燥させて餌・肥料にする

蒸留（ディスティレーション）

ラムを含む全てのスピリッツは、この工程がなければ存在し得ない。ラムの場合、そのメソッドは手作業による伝統法から最新技術を使った方法まで、実に様々である。ラムは使用する蒸留機の種類が一番多い蒸留酒とも言われている。

スペイン系の「Ron」（ロン）

連続式蒸留機（2～4塔）が主流。
アルコール度数90～94%のニュートラルな蒸留液が得られる。

イギリス系の「Rum」（ラム）

様々な蒸留技術を用いている。
- トリニダード・トバゴ：コラムスチル（連続式）
- ジャマイカ：ポットスチル（単式）
- ガイアナ：ポットスチル（単式）
  2タイプの蒸留液に仕上がる。
- ライト（アルコール度数95%未満）
- ヘビー（アルコール度数95%以上）

フランス系の「Rhum」（ロム）：アグリコールラム

アグリコールラムの製造には、小型の連続式蒸留機、クレオールコラムを用いる。その昔はポットスチルが使われていた。蒸留液のアルコール度数は82～84%。伝統的なクレオールコラムは完全に銅製だったが、最新式では本体は錆びにくいステンレス製で、蒸留棚のみ銅製となっている。

豆知識：混合式蒸留の場合「マウントゲイ蒸留所」(Mount Gay)
バルバドス島では「マウントゲイ蒸留所」がコラムスチルとポットスチルの混合型蒸留機を使用している。

長い歴史を誇る
ポットスチル

グレナダの「リバー・アントワーヌ蒸留所」(River Antoine) を訪れる機会があれば、約100ℓのラムを大型のポットスチルで単式蒸留している光景を見ることができるだろう。
この伝統的な蒸留法は300年以上前から変わっていない。

他とは違う
蒸留機

ラムの世界にも例外がある。「ディプロマティコ社」(Diplomático) は1959年からカナディアンウイスキーに使用されるバッチ式の蒸留機、バッチケトルも使用している。

熟成（エイジング）

ウイスキーやコニャックなどの一部のスピリッツには欠かせない工程だが、ラムにおいては必ずしもそうではない。

ホワイトラム

ホワイトラムは瓶詰め前にステンレスタンクもしくはホワイトオークの樽で一定期間休ませる。

貯蔵：ラムの待合室

ほとんど熟成させないホワイトラムであっても、蒸留後すぐにボトリングされるわけではない。その前にラムを落ち着かせるための「貯蔵」工程があり、大型のステンレスタンクに入れて数週間休ませる。プレミアム・アグリコールラムの場合、そのまま2年間貯蔵することもある。この工程でアルコール度数を下げるために、湧水などの純度の高い水を加える。ただし、アロマが薄れて水っぽくならないように、できるだけゆっくり時間をかけて加水する。ラムを定期的に撹拌して空気に触れさせ、成熟させる。

樽詰めと濾過

ホワイトラムを数年間、樽で寝かせる製法もある。しかし、仕上がったラムは褐色がかっているため、活性炭で濾過して無色透明に戻してからボトリングする。

ゴールドラム（アンバーラム）

蒸留後のラムを大樽に入れて数カ月間（18〜36カ月）熟成させる。大樽はオーク製で数千ℓのラムを入れることができる。熟成の間、ラムは樽のアロマ特性を取り込み、黄金色を帯びてくる。風味もよりまろやかになる。

ダークラム

樽詰めの前に加水し、アルコール度数を60〜80%に下げる。3年以上の樽熟成を経たラムのみ、「ダークラム」と呼ぶことができる。さらに4〜5年熟成のラムに「VSOP」(Very Superior Old Pale)、6年以上熟成のラムに「XO」(eXtra Old)、「Très vieux」、「Hors d'âge」の等級表記が認められている。

熟成年数について

熟成年数の数え方は国や地域によって違うので要注意！ EU規則ではブレンディングで調合される原酒のなかで、最も若い原酒の熟成年数を表示しなければならない。一方、他の国では最も古い原酒の熟成年数を表示することができる。

「天使の分け前」(エンジェルズシェア)とは?

物理現象を詩的に表現した言葉。樽熟成の間に蒸発するアルコール分のことを指す。温度が高く乾燥している場所では、「分け前」の量がより多くなる。この蒸発によって様々な成分が凝縮され、アロマがさらに強くなる。

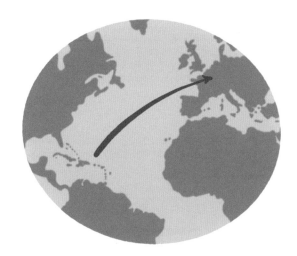

ラム樽は時間が経つほど損をする！

スコットランドでウイスキーを50年熟成させることは可能である。しかし、主に熱帯気候下にあるラム生産国では、ラムを10年熟成させるだけでもかなりの快挙である。スコットランドで20年熟成させた場合に蒸発するアルコールの量が、熱帯地域ではたったの5年で蒸発するのだ！ 熱帯地域で30年熟成させた場合、樽詰め時の総量の8%しか残らない！

貯蔵庫の温度管理

「天使の分け前」を制限、低減するために、貯蔵庫に冷房設備を導入している蒸留所もある。しかしそれでも熟成のコントロールは難しい。ゆっくりと時間をかけて熟成させるための最善の方法は、ラムの入った樽をヨーロッパに輸送することである。

樽の製造法

樽造りには熟練の技がいる！ 忍耐と修業、そして精密な手技。よい樽を造れるようになるまで、最低でも5年はかかる！

受け継がれてきた伝統の技

木樽ははるか昔からビールやザウワークラウトの運送に欠かせない容器だった。樽造りの歴史は古く、職人の技が代々継承されてきた。テクノロジーが進んだ現代でも、その製法はほとんど変わっていない。最高水準の樽を得るには、熟練の職人による手仕事が必須である。

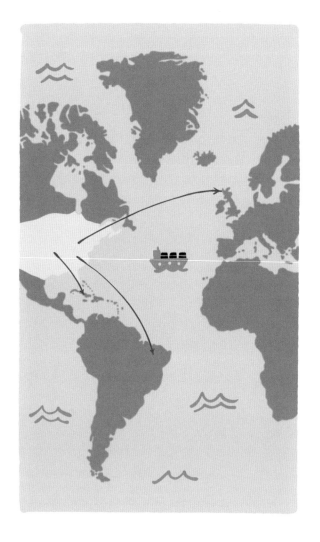

世界最大の樽製造業者

アメリカのウイスキーメーカー、「ジャックダニエル」と同じグループに属する「ブラウン−フォーマン社」（Brown-Forman）。1日に1,500個まで製造することができる。

バーボン樽が多いのはなぜ？

1930年代、スペイン市民戦争の影響で、ウイスキー熟成用のシェリー（ヘレス）樽の調達が難しくなった。この問題に対処すべく、スコットランドは使用済みのバーボン樽を供給していたアメリカに助けを求めた。これは誰にとってもハッピーな解決策だった。アメリカは、バーボン熟成後の樽を販売するルートを手に入れ、スコットランドはその樽でウイスキーを静かに熟成させることができた。この流れに沿って、ラム蒸留所も安価なバーボン樽を求めるようになった。ただし、ラム業界では、アメリカンオーク、フレンチオーク（リムーザン地方産）の新樽やコニャック熟成後の樽も多く使用されている。

樽製造の工程

① 木材の選別

最初の極めて重要な作業は、木材の選別である。毎年、オークが伐採される季節に、樽造りの専門家が最良の樽材を厳選するために、伐採地を訪れる。この段階で選ぶオーク材の質が、後にラムの品質を左右する。オークは伐採前と後に吟味され、樹形や生育状況などの様々な基準に基づいて、最終的に樽に使用される木材が厳選される。特に重要なチェックポイントは木材の繊維質、木目の細かさ、タンニンの含有量などである。

② 分割と研磨

丸太は木目を傷つけないように、手作業で割られる。この工程は液体が漏れない樽を造るために欠かせない。丸太を分割して表面を磨いた後、木材を数年間野外に放置する。大気や雨にさらされた木材は自然に老化し、成熟味を増していく。

③ 切削と組み立て

数年経った木材を機械でカットして、樽の側板を作る。適度な長さにカットしたら、両端を細かく削る。側板の表面にかんなをかけて、内側が軽く弓状になるように成形し、機械で束ねる。側板は検査・選別後、組み立てのために樽製造業者へと送られる。この重要な工程では、クーパーと呼ばれる樽職人が長年の経験と勘をもとに、側板を目視で選別し、出来の良くないものを取り除く。それから、側板を筒状に組み合わせ、その上部に枠となる帯鉄を打ち込む。驚くほど速く正確な作業で、裾がスカート状に広がった樽の原型ができる。

④ 仕上げと最終検査

スカート状に広がった樽の原型に水を打ち、内側を火で温めて木を柔らかくする。広がった裾の部分をロープなどで締め付けて樽の形に仕上げ、帯鉄を打ち込む。最後に少量の熱湯を樽内に噴射して、厳しい気密性検査を行う。この検査を行うと水漏れや水が外に滲み出た跡、その他の欠陥を即座に探知できる。

樽の形状について

木製の樽で液体を長期貯蔵できるのはなぜか？
気密性を保てる秘密はあの形状にある。
樽のより膨らんだ中央部の両側に帯鉄をはめて、側板全体を締め付けることで気密性が高まる。

他のメリット：

丸みを帯びた形状は重いものを運搬するのに適している（ただしある程度の訓練は必要）。また縦にしても横にしても保管できるので、物流の面でもハンドリングしやすい。

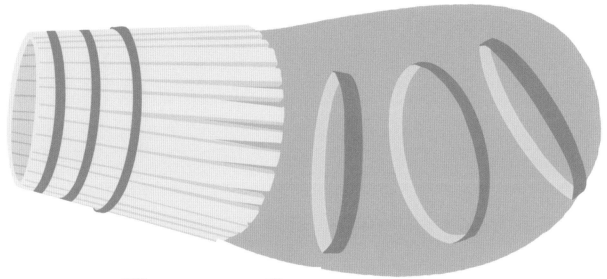

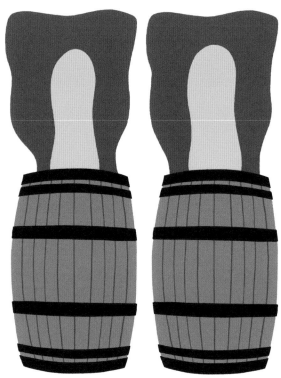

トースティングとチャーリング

樽の内側を弱火でゆっくり加熱することをトースティング、炭化するまで焦がすことをチャーリングという。樽材の特性を変え、スピリッツのフレーバーに良い作用をもたらす重要な工程である。

ラムを熟成させる樽の仕様を限定する規則はほとんどないため（ごく局地的な法律を除く）、様々な樽が使用されている。

- 新樽：ウッディーな香味を最大限に抽出することができる。
- 軽くトースティングした樽：スパイシーなアロマが抽出される。
- ほどよくトースティングした樽：ナッティなアロマが抽出される。
- チャーリングした樽：ロースト香、スモーク香が抽出される。

ラム界の偉大な人物
PÈRE LABAT
ペール・ラバ（ラバ神父）

1663   1738

ラムの歴史に名を刻んだ謎の人物

ラバ神父こと、ジャン＝バティスト・ラバ（Jean-Baptiste Labat）は、ペール・ラバの通称で知られ、宣教師、植物学者、軍人、開拓者、地主、技術者、作家など、複数の顔を持つ人物であった。フランス領アンティルでラム産業を発展させた功労者の1人でもある。
1694年1月29日、宣教師としてマルティニーク島に渡り、マクバ教区で任務に就いた。
彼のミッションは教区を拡大し、新たな建築物を建立することだった。

フランス領、オランダ領、スペイン領の島々を訪れ、マルティニーク島のサント・マリーに「フォン＝サン＝ジャック」（Fonds-Saint-Jacques）製糖所を設立した。また、サトウキビの栽培拡大のために研究を続け、フランス領アンティルのサトウキビ産業の発展と近代化に貢献した。
また、高熱を治す薬として、ラムの原型ともいえる砂糖の蒸留酒の一種、オー・ド・ヴィーを発明したとも言われている。
1706年にヨーロッパに戻り、再び

アメリカ大陸へ行くことを望んだが、教会上層部の許可が下りなかった。
1716年、パリのサントノーレ修道院に移り、そこで余生を過ごした。奴隷制度を奨励した人物とされているが、当時のマルティニーク島の様子を記録した、貴重な紀行文を残したことでも知られている。現在、グアドループのマリー＝ガラント島にある「ポワソン蒸留所」（Distillerie Poisson）で、「Père Labat」の名を冠したラムが造られている。

樽の種類

樽はただの容器ではなく、ラムのアロマを豊かにする重要なファクターでもある。材質、容量の違う様々なタイプが存在するが、ここではその一部を紹介する。

バーボン樽　180ℓ

バーボンウイスキーの熟成には新樽の使用が義務付けられている。そのため大量のバーボン樽が残り、ラムなどの他のスピリッツの熟成に再利用されている。バニラやスパイスのニュアンスをラムにもたらす。

コニャック樽　250〜500ℓ

コニャック熟成に使用されたフレンチオークの樽。

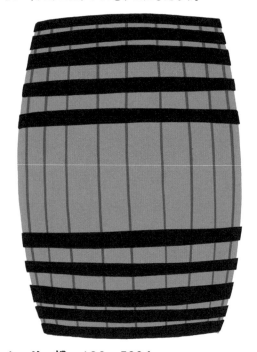

シェリー樽　480〜520ℓ

スペインで生産される樽の中で最も高価で大きい樽。シェリーが浸み込んだ樽材から、ナッツやスパイスの香りがラムに移る。

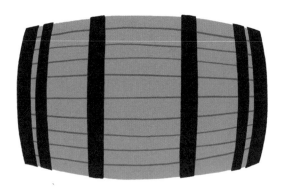

フレンチオークの新樽

高価ではあるが、フレンチオークの新樽を使用している蒸留所もある。豊かなアロマとタンニンを短期間で抽出することができる。

サイズも重要！

ラムの香味特性は樽材だけでなく、その容量によっても影響される。小さければ小さいほどラム原酒と樽材の接触面積が大きくなり、樽材のアロマがより速く抽出される。

新しい側板と交換

F1では、サーキットを数週走ったらタイヤを交換する。同様に、ラム原酒のアロマをさらに深めるために、熟成中に樽の側板を数枚、新しいものに取り換える必要がある。

樽の価格

樽にかかる費用は決して少なくない。例えばバーボン樽は500€前後、シェリー樽は900€前後である。特に上質なものは2,000€以上することもある。需要がますます高まっている昨今、価格も上昇傾向にある。
※1€＝136円（2022年4月現在）

ウイスキー熟成用のラム樽

スコットランドのウイスキー蒸留所で、ラムを仕込んだ後の樽を見かけることは珍しくない。スコッチウイスキーにエキゾチックなアクセントを加え、香りをより豊かにするためにラム樽を使用するメーカーも多い。

AOCマルティニークの場合

樽は何でもよいわけではない。650ℓ以下のオーク樽の使用のみ認められている。それでもサイズは均一ではないので、ハンドリングは簡単ではない。

樽熟成は海賊の発明？

一説によると、樽熟成のメリットを発見したのは海賊だと言われている。同じ樽でも、船旅の初めに飲むラムよりも、終わりに飲むラムの方が美味しいことに気づいたのだ！

貯蔵庫

ラム原酒が樽の中で眠る場所。ここではゆっくりと静かに流れる時の作用で、原酒が深みを増していく。しかし時の流れに委ねるだけでは十分ではなく、ベストコンディションを保つためには職人の技術も欠かせない。

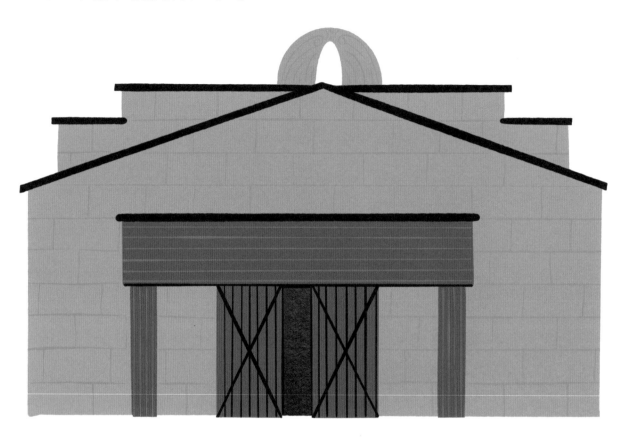

エイジング vs フィニッシュ

熟成（エイジング）はスピリッツを1つの樽の中で長期間寝かせ、骨格となる特性を生成する工程である。その後必須ではないが、ラムにプラスのアクセントを加える工程がある。後熟（フィニッシュ）と呼ばれる工程で、樽熟成後のラムをピーテッド・ウイスキー、カルバドス、ソーテルヌ、コニャックなどの特徴的な酒を仕込んだ後の樽に詰め替えて、数カ月間保存する。新たなアロマが加わり、ラムの香味特性がさらに深く豊かになる。

トロピカルエイジングとコンティネンタルエイジング

トロピカルエイジング（原産地での熟成）		コンティネンタルエイジング（ヨーロッパでの熟成）	
蒸留所のある熱帯、亜熱帯地域で樽熟成を行う		樽を蒸留所から輸送し、温帯地域で熟成を行う	
特徴	気温が高い	**特徴**	気温が穏やか
	湿気が多い		湿気が少ない
	ラム原酒と樽材の相互作用が早い		ラム原酒と樽材の相互作用が緩やか
	水分とアルコール分の蒸発が早い		水分とアルコール分の蒸発が緩やか
エンジェルズシェア（アルコール蒸発率）：年間8%以上		エンジェルズシェア（アルコール蒸発率）：年間4%以下	
デメリット： 熟成が急速であるため、ラムの風味を損なう恐れがある		デメリット： 産地特有の個性、自然な味わいが弱まる	

樽の貯蔵方法

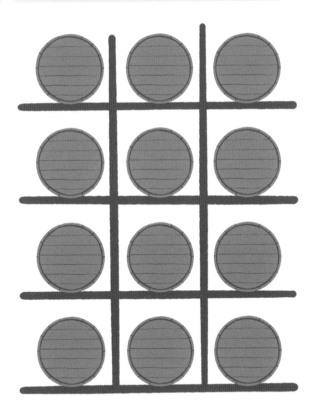

縦積み方式

パレットの上に樽を縦にして積んでいく方式で、フォークリフトによる搬入、搬出がスムーズにできる。

ラック式

天井まで届く高い棚に、横にした樽を12段まで積み上げることができる。屋根に近い樽のアルコール蒸発率が下の樽よりも多くなる。

闇の裏技

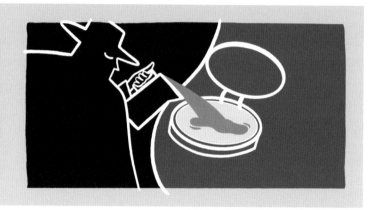

ラムは規制が緩いスピリッツである
ため、残念ながら不誠実な蒸留所も
存在する。例えば、樽香の強い液体
や砂糖、ワイン、さらには糖蜜を添
加する行為が見られる。時間とお金
を稼ぐためなら、ごまかしても問題
ないと考える生産者がいることも事
実だ……。

AOCマルティニークの場合

ラム熟成には特別な規定はなく、ほぼ何でも可能といえるが、AOCマル
ティニークだけは例外である。確かなクオリティーとトレーサビリティ
ーを保証するために、詳細な生産仕様書に準じなければならない。

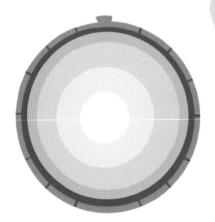

**RHUM AGRICOLE AOC
MARTINIQUE BLANC**
**AOCマルティニーク
ロムアグリコール　ブラン**

蒸留後、ステンレスタンク
で3カ月休ませる。個性の
ある上質なホワイトラムに
仕上がる。

**RHUM AGRICOLE AOC
MARTINIQUE ÉLEVÉ SOUS BOIS**
**AOCマルティニーク
ロムアグリコール
エルヴェ・スー・ボワ**

オークの大樽で1年以上、3年
未満熟成させたゴールドラム。

**RHUM AGRICOLE AOC
MARTINIQUE VIEUX**
**AOCマルティニーク
ロムアグリコール　ヴィユー**

650ℓ以下のオーク樽で3年以
上熟成させたダークラム。「ヴィ
ユー」という等級はマルティニ
ーク島で熟成させたラムのみに
認められる。

スパイスド・ラム

熟成の間にフルーツやハーブ、スパイス
を添加したラム。

ソレラシステム

南米でスペイン系の「RON」（ロン）に広く使用され
ている伝統的な熟成法。その昔、スペイン系入植者
がシェリー酒の熟成法にヒントを得て考案した。
3段以上積み上げられた、それぞれ連結した複数の
樽に、熟成年数の異なるラム原酒を少しずつ注ぎ足
しながら熟成させるテクニックである。
最も熟成が進んだラムは一番下の段にあり、「ソ
レラ」という。一番下の樽から、安定した酒質
を保つためにソレラを少量ずつ抜き取る。抜
き取った分はすぐ上の段の「第1クリアデ
ラ」から補充される。つまり、図のように、
一番若い「第3クリアデラ」（蒸留直後
またはステンレスタンク貯蔵後）→
「第2クリアデラ」→「第1クリ
アデラ」→「ソレラ」へと、原
酒が段々と注ぎ足される仕
組みとなっている。

ラム原酒

第3クリアデラ

第2クリアデラ

第1クリ
アデラ

ソレラ

豆知識：ソレラは熟成年数の数え方が違う！

ソレラ・システムで熟成させたラムを買う場合、熟成年数
に注意しよう！ 調合される原酒のなかで一番古い原酒の
年数が表示される。ただし、この製法では様々な熟成年数
の原酒が混ざり合うので、一番若い原酒の年数を調べて、
平均年数を割り出すのも面白い。

ダブルエイジング

熟成後に「フィニッシュ」を行うのではなく、「ダブ
ルエイジング」を実践している蒸留所もある。熟成
の前半を1つの樽で行い、後半を特徴の異なる他の
樽（コニャック樽など）で行うテクニックである。一
部の生産者はさらに突き進めて、熟成の前半を現地
で、後半をヨーロッパで行っている。

調合（ブレンディング）

時がようやくその仕事を終え、今度はセラーマスターが活躍する番である。長年の経験で培ったノウハウを駆使して、比類なき調合術を操る。

1つの樽の原酒のみをボトリングしたラムは存在する？

ボトルのラベルに「シングルカスク」(Single Cask)、「フュ・ユニーク」(Fût unique)と明記されていなければ、複数の樽の原酒を調合したラムということになる。1つの銘柄のラムはボトルや生産年が違っても、同じ特徴を保たなければならない。ブレンディングの目的は、常に変わらない一定した味わいに仕上げることである。

セラーマスターは多くの場合、古い原酒を少量抜き取って、より若い原酒に加える。目標の味わいになるまで、この作業を何度も繰り返す。ブレンディングのために複数の樽を厳選した後、それらの原酒をステンレスタンクに移して均一になるように混ぜ合わせる。ブレンディングが終了したら酒質を安定させる。不足している香味を補うために、再び樽に詰めて、数週間～数カ月間、再熟成させることもある。

魔法のレシピは存在する？

ラムのブレンディングには、瞬く間に完成する魔法のレシピというものは存在しない。そんな単純なものではない。セラーマスターは調合を成功させるために、スタッフの力を借りて、各樽の原酒を定期的にテイスティングして、熟成度を確認する。ラムのスタイル、ラムを仕込む前の樽の使用回数、貯蔵庫内での保管場所によって、樽ごとに異なるアロマが生成されるため、一つひとつ吟味しなければならない。

ソレラシステム＝ブレンディング？

ある意味ではそうだろう。熟成年数の異なるラム原酒が少しずつ、上段の樽から下段の樽へと注ぎ足されていくので、この段階で調合が行われていることになる。

バーでブレンディング！

セラーマスターは調合のプロであり、秘技を備えていることは間違いないが、自分が任されている蒸留所のラムしか調合できない。バーではそのような制約はなく、スタイル、メーカー、熟成年数が異なる複数のラムを自由自在に調合して、オリジナルラムを創作している店もある。

自宅でブレンディング！
自分だけのオリジナルラム

化学者の心を持っていれば、自分でセレクトしたラムを自宅で調合することも可能だ。ただし、セラーマスターのようにすぐにうまく行くわけではない。道が開けるまで、何度も試行錯誤を繰り返さなければならないだろう。再考と忍耐が必要だ。まず手始めに、友人からもらったが、自分の好みに合わないラムから試すとよいだろう。

豆知識：他とは違うブレンディング

インダストリアルラムとアグリコールラムとで優劣を競う風潮があるが、2つをこっそりブレンディングしている蒸留所もある。双方の長所を最大限に活かすことが目的だ！

瓶詰め（ボトリング）

ラム製造の最終工程。蒸留所で磨き上げられたラムが、ボトルに詰められて出荷される。この工程がなければ、バーや自宅で美味しいラムを味わうことはできない。仕上げにも細心の注意が必要なことは言うまでもない！

加水と濾過

「カスクストレングス」（CASK STRENGTH）と「ブリュット・ド・コロンヌ」（BRUT DE COLONNE）

さらにパンチのあるラムを求める通好みの２つのスタイル。加水せずにそのまま製品化されるため、アルコール度数が50〜90%にも及ぶ。瓶詰め前に加水しないものを「カスクストレングス」（CASK STRENGTH）、蒸留直後に加水しないものを「ブリュット・ド・コロンヌ」（BRUT DE COLONNE）という。

加水はなぜ必要？

蒸留後、熟成後のラムのアルコール度数は、そのままでは飲めないほど高い。そのため、天然水を加えてアルコール度数をある程度下げる必要がある。加水の目的はラムのフレーバーをそのままに保ちながら、強すぎないバランスの取れた最終製品に仕上げることだ。

最適なアルコール度数

完璧な度数というものは存在しないとしても、ダークラム、ホワイトラム、ライトラム（スペイン系）は40%、アグリコールラムは50%前後まで下げられる。
香味成分が弱まるという理由から、46%以下のラムを推奨しない愛好家もいるが、一概にそうとは言い切れず、最終的な度数と香味のバランスは、各蒸留所の加水に対するこだわりやノウハウに左右される。

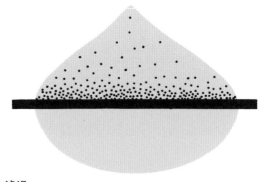

濾過

サトウキビの糖蜜や搾り汁の発酵時に、脂肪酸が生成される。加水をすることで油性成分が析出して澱となり、濁りが出てしまう。人体に有害ではないが、生産者はクリアな仕上がりを求めて濾過を行う。

濾過方法

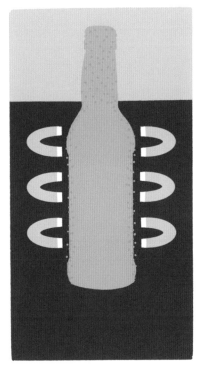

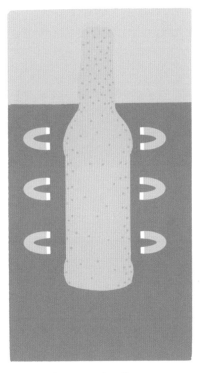

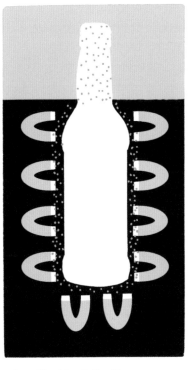

チルフィルタード
（冷却濾過）

まずラムの温度を0〜5℃に下げる。そして油性成分を捕らえる2枚の濾紙の間に入れて濾過する。液体の透明度は増すが、その代わりに澱に含まれる香味成分も一緒に除去されるデメリットもある。

ノン・チルフィルタード
（非冷却濾過）

冷却濾過と原理は同じだが、常温で濾過する方法。油性成分と香味成分がより多く残る。

カーボン・フィルタード
（活性炭による濾過）

活性炭フィルターで濾過する方法。油性成分や不純物だけでなく、ラムに色味をもたらす樽材の成分まで取り除く。長期熟成したラムの透明度を上げるために行われる。

豆知識：特殊で特別なボトリング

蒸留所元詰めではなく、独立瓶詰業者（インディペンデント・ボトラー）でボトリングされるラムが増えている。蒸留所の規格から外れた、個性の強い原酒を買い取って、独自の哲学を反映させたオリジナリティーのある「ボトラーズボトル」に仕上げる。「コンパニー・デ・ザンド」（Compagnie des Indes）、「ヴリエ」（Velier）、「ラム・ネーション」（Rum Nation）、「オールド・ブラザーズ」（Old Brothers）などがある。

カラメルの添加

熟成感を出すために着色料を加えるメーカーも実は少なくない。
人は無意識に、琥珀色の液体を見ると、熟成していて高級だと感じる。
つまり、色味を操作する価値があるということだ。

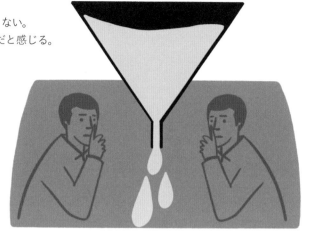

時には砂糖も添加！

有名なメーカーでも、風味を微調整して安定させ、
角々しさを和らげるために、熟成後にシュガーシロ
ップを加えているところがある。その存在がボトル
のラベルに記載されることは、おそらくまずない。
幸いなことに、この行為はEU産のラムには禁止さ
れている。

シングルカスク（SINGLE CASK）

セラーマスターがボトリングの工程でブレンディングを
せず、1つの樽の原酒のみを瓶詰めすることもある。その
原酒が特に興味深い個性を持っていて、それを最大限に
活かしたい時に採る選択だ。ただし、飲み手としてはシ
ングルカスクのボトルにあまり執着しないほうがよい。
唯一無二の原酒であるが故に、同じものに再会できる確
率は限りなく低いからだ。

豆知識：ボトリングは蒸留所のある
島々から離れた所で

ボトルの製造工場がない島々でボトリングを行うこ
とはほとんどない。環境負荷になるボトルの輸送回
数を減らすためである。蒸留所は加水前の原酒を島
から出荷し、販売拠点により近い場所で加水して瓶
詰めを行う。

CAPTAIN HENRY MORGAN
ヘンリー・モーガン船長

1635   1688

ヘンリー・モーガンと聞けば、スパイスド・ラムを連想するだろうが、ここで紹介するのは、実在した海の冒険家、ヘンリー・モーガン船長である（歴史では海賊とされているが、必ずしもそうではない）。

ヘンリー・モーガンはウェールズ出身の公賊で、1660年〜1670年の間、カリブ海で活躍し、主にスペインと対戦した。巨大な船団を築き上げ、特に勢力のある敵を襲った伝説の冒険家の1人である。最も有名な攻撃として、1668年の「ポルトベッロの略奪」、1669年の「マラカイボ襲撃」、1671年の「パナマ攻略」がある。

モーガン船長はイングランド王、チャールズ2世から騎士（ナイト）の称号を与えられるほどの業績を残した。

海賊が私利私欲のために船舶を襲う無法者だったのに対し、公賊は政府の許可を得て、もっぱら敵国の船舶や港を攻撃していた。それと引き換えに、戦利品の大部分を懐に納めることができたのである。モーガン船長はイングランドとスペインが敵対関係にあった時に、スペイン船舶を攻撃する「私掠免許」を得た冒険家の1人だった。
1671年の「パナマ攻略」がスペインに対する最後の攻撃だった。千人近

い船員を引き連れてサン・ロレンゾ要塞を陥落させ、パナマに侵入した。恐怖におののいたスペイン軍は町を放棄して一目散に逃げ去った。

スペイン軍が退陣した後、モーガン船長とその船員たちは町を略奪し、戦利品を持ち帰った。しかし、その収益は他の2件の私掠より少なかったと言われている。

その後、ジャマイカで余生を過ごし、その巨万の富で製糖業を拡大し、作業員とともに酒を飲み尽くしたと語り継がれている。

セラーマスター

蒸留所の最高責任者、セラーマスターの仕事は謎に包まれている。サトウキビの入荷から瓶詰めまで全工程を監督する責任者だ。またテイスティングのプロでもある。

化学者であり魔術師でもある

どちらか1つに限定することはできないだろう。セラーマスターになるには鋭い感性が必要である。品質を検査し、香りと味を利き分けて全体を把握する、という作業を何度も何度も繰り返す。ラム製造の各工程を厳しく管理し、その一方でラムについて情熱的に語ることのできる職人である。

ベスト・ラムマスター

2018年、「インターナショナル・ラム・カンファレンス　マイアミ大会」(International Rum Conference)で、マルティニーク出身のダニエル・ボーダン(Daniel Baudin)がこの称号を獲得した。彼は「ラマニー蒸留所」(Trois-Rivières and Maison La Manny)の最高責任者である。

男性の職業？

大部分は男性であるが、1997年に1人の女性がこの壁を破った。ジョイ・スペンス(Joy Spense)は女性初のセラーマスターとして、ジャマイカの「アプルトン蒸留所」(Appleton)でその手腕を発揮した。また、バルバドスの「マウントゲイ蒸留所」(Mount Gay)でも2019年から女性のセラーマスター、トゥルーディアン・ブランカー(Trudiann Branker)が活躍している。

セラーマスターとの会話

セラーマスターとの出会いは実り豊かな経験である。しかし、午前中は特に忙しく、ほぼ会うことはできないだろう。彼らは飲み手に愛されるラムの創作に日々勤しんでいる。もし蒸留所で対面するチャンスがあれば、次のような質問をすると快く応じてくれるだろう。さらには貯蔵庫に案内して、試飲させてくれるかもしれない！

● 最近、心を奪われたラムはありますか？
● どのタイプのスチルを使っていますか？
● 発酵にかかる時間は？
● 熟成に用いる樽のタイプは？
● ラムはストレートで飲むのが好きですか？それともカクテル？

ジョイ・スペンス

優れたセラーマスターの特徴

セラーマスターの仕事はラムを造ることだけではない。
蒸留所の過去、現在、未来を繋ぐプロフェッショナルでもある。

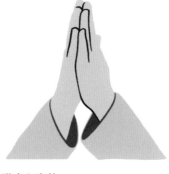

感性の鋭い利酒師
毎年、数百〜数千樽の原酒の外観、香り、味わいを鑑定して、分析・分類する。

謙虚な姿勢
セラーマスターは「私たちは蒸留所の所有者ではなく、蒸留所の仕事に携わる者である」と語る。その仕事は蒸留所に自分の痕跡を残すことである。蒸留所は数世紀にわたる歴史を誇り、セラーマスターはその歴史の一部となる存在である。

市場動向に敏感
ラム業界は進化し続けている。セラーマスターはチームメンバーの協力を得て、新しいトレンドを先んじて察知して行動しなければならない。フィニッシュのスタイル、アルコール度数、飲み方などに対する消費者のニーズとウォンツを的確に捉えることが成功の秘訣である。

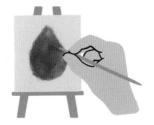

長期的なビジョンの持ち主
将来を見越した適切な決断を下し、消費動向の変化に柔軟に対応する能力を備えている。

根っからの旅好き
セラーマスターは蒸留所に籠っているわけでない。自社製品の宣伝、同業者との情報交換、市場調査のために世界中を飛び回っている。

アーティスト
特に新作を考案する時にはアーティストとしての感性が求められる。スピリッツの芸術作品を生み出すためには豊かな着想力と想像力、創作意欲が必要である。

厳しい品質管理者
蒸留所の評判は、セラーマスターの腕にかかっている。出荷されるボトル1本1本の品質が、目標水準に達していることを保証しなければならない。

蒸留所の職人たち

サトウキビを美味しいラムに変身させる各工程に腕利きの職人がいる！

醸造責任者

ラムの味わいを左右する極めて重要な工程において、複数の発酵槽を注意深く見守る。酵母の働きが終わったら、すぐに発酵を止めなければならない。

蒸留責任者

巨大な蒸留機を操作するためには、十分なノウハウが必要である。香味成分をあますところなく引き出せるかどうかは蒸留責任者の経験と技量にかかっている。

ウェアハウスマン

貯蔵庫では、数百～数千の樽を移動させ、空にして再び充てんしなければならない。
全ての作業を円滑に行う任務を負う。

ディスティラリー・マネージャー

蒸留所の管理を行う責任者の1人。様々な事務業務
をこなし、生産から出荷までの各工程が順調に進む
よう管理する。

ビジターセンター長

蒸留所はラムを製造する場所ではあるが、愛好家の
訪問を受け入れる場所でもある！ 観光もかねて見
学したい訪問者の要望に応えるべく、安全かつ趣向
を凝らした見学ツアーを計画する。

蒸留所の見学

ラム蒸留所の見学は人生で一度は経験してみたい冒険である。その楽しさを知れば、また訪問したいと思う人もいるはずだ。

そもそも見学は可能？

多くの蒸留所が見学者を受け入れているが、従業員しかアクセスできない、閉ざされた蒸留所もまだ存在する。

プランを立てる

地図上では隣接しているように見えても、蒸留所から蒸留所へと移動するのに車で1時間以上かかることもある。行程を前もって調べておくほうがよい。

どんな見学コースがお好み？

製造工程をメインとするコースもあれば、ラムの歴史をたどるコースもある。コンテンポラリーアートとのコラボレーションを提案している蒸留所もある。

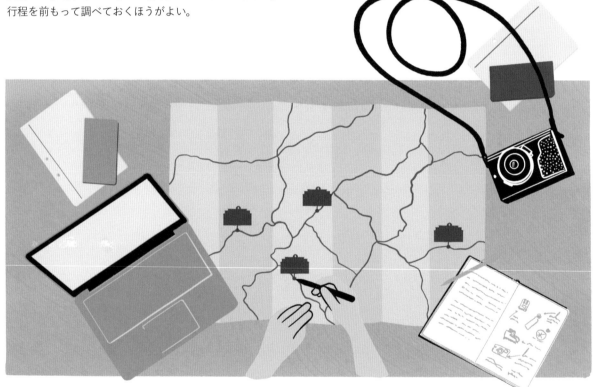

観光地化しすぎた蒸留所を避ける

好みの問題ではあるが、博物館と化した大手蒸留所ばかりを見学していたら、物足りなく感じる時もある。小さな蒸留所では、情熱的な造り手に出会えるチャンスが多く、たくさんの興味深い話を聞くことができるだろう。

空港の免税店

生産国の蒸留所や専門店まで行ってラムを買う機会がないとしても、空港の免税店で買うという手がある。割高感は否めないが、機内に持ち込めるというメリットがある。スーツケースに入れてボトルが割れる、というリスクを回避することができる。

ラムを買って帰る

飛行機に乗る前に必ず考えることは、何本持って帰れるのか、ということだ。現地の蒸留所では、他ではあまり手に入れることのできないラムを、よりリーズナブルな価格で購入することができる。ただし、免税範囲について事前に調べておいたほうがよい。

● EU域外からフランスに持ち帰る場合：
　1人あたり1ℓ（アルコール度数22％以上）まで

● フランス海外県から持ち帰る場合：
　税関職員や航空会社が見逃すかもしれないことを期待して、1人あたり1ℓ以上を持ち込む人もいるが、もちろんリスクはある。

1ℓ以上の量を持ち込むことができる国もあるが、EU規則ではそれは通用せず、通関時に押収されるリスクは高い……。

アルコール度数の高いラムに注意！

アルコール度数が70％を超えるラムは、航空会社が可燃性物質と指定しているため、自国に自分で持ち帰ることはできない。

見学する時は車と運転手を確保する

南国の島々では、蒸留所から蒸留所へと移動するための公共交通機関はほぼない。その上、試飲しながら巡ることになるので、自分で車の運転はできない。

豆知識：プランテーション・トレイン

マルティニーク島の「セント・ジェームス蒸留所」（Saint James）を見学する時は、プランテーション・トレインで敷地内を巡ることができる。サトウキビやバナナの畑を一周できる1925年製の古い列車は島唯一の列車でもあり、2.5kmの距離を30〜45分かけてトコトコ走る。

大規模農園と邸宅（アビタシオン・アグリコール）

広大な農園内にある豪邸を見学したり、そこに住むことを夢見たりすることは今ならできるが、昔はそういうわけにはいかなかった。その歴史は植民地制度と奴隷制度に密接に関係している。

「アビタシオン」（Habitation）とは？

フランス領アンティル、ギアナ、マスカリン諸島（レユニオン島、モーリシャス島、ロドリゲス島）では、「アビタシオン」は農園主の邸宅を含む大規模農園（プランテーション）を意味し、現在では主にラム製造所として活用されている。

豆知識：「アビタシオン」について

その歴史に興味がある場合は、ジャン＝バティスト・デュ・テルトル（Jean-Baptiste du Tertre）の著書、『フランス人が住んだアンティル諸島の歴史』を紐解いてみるとよい。「フランス国立図書館」（BnF）のウェブライブラリ（http://gallica.bnf.fr/ark:/12148/bpt6k1140206）から、無料で入手できる。

1789年、アンティル諸島のフランス領のプランテーションで働いていたアフリカ系奴隷の人数は、イギリス領のそれよりも30%多かった。フランス領の砂糖、ラム、糖蜜、コーヒー、藍、綿花の生産量もイギリス領よりも多かった。

歴史について……

全ては植民地制度とともに始まった。土地開発の権利を得た入植者には労働力が必要だった。本国から来た「志願者」がまず、土地を開墾して作物を栽培できるようにした。こうしてできた農園はタバコ、藍、コーヒーの生産に充てられた。しかしほどなくして、サトウキビの生産がより多くの利益をもたらすことに気付き、多くの入植者がこの事業に飛びついた。マルティニーク島だけでも、100軒以上のサトウキビ農園が存在した。その運営には大量の労働者が必要であり、まずは物乞いや浮浪者などが雇われた。しかしそれだけでは不十分だったため、農園主は「ポルトガル式」を取り入れて、アフリカからの奴隷を採用するようになった。フランス王朝もこれを奨励し、マルティニーク島には100年で10万人以上のアフリカ人が送り込まれた。世界規模では、110万人のアフリカ人がアメリカ大陸、アンティル諸島に強制連行された。

三角貿易の始まり

大農園での奴隷の需要拡大に伴い、
三角貿易が導入された。

南国の生産物(砂糖、綿花、タバコ、貴金属)をいっぱいに積み込んだ船船がヨーロッパに戻る。「三角貿易」という用語は、公式の貿易形態を示すものではなく、ヨーロッパ大陸、アフリカ大陸、アメリカ大陸を結ぶ大西洋上の三角ルートに因んでいる。

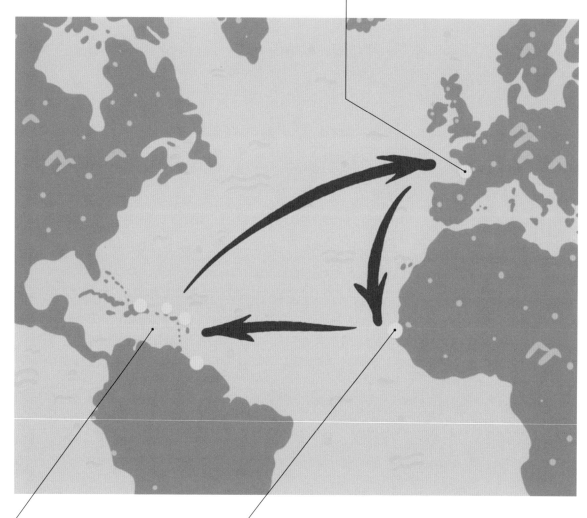

アフリカ人奴隷がアメリカ大陸、アンティル
諸島へと船で連行される。

ヨーロッパ人がアフリカ西海岸に、奴隷の
対価として製品を輸出する。

大量の労働力が必要

大規模農園は常時、多くの労働者を必要としていた。その仕事は過酷なものであり、連行されるアフリカ人のほとんどは、体力のある25歳以下であった。

1848年：転換期

奴隷制度はイギリスでは1807年に廃止されたが、フランスの一部の植民地では1848年まで続いた。その結果、安価な労働力に頼っていた大規模農園は、ビーツを原料とする製糖工場に対抗できなくなり、倒産していった。

生活の場所

大農園はサトウキビの栽培地、製糖地でもあり、生活の場所（農園主の邸宅、従業員の家、奴隷の住処）でもあった。19世紀のフランス人歴史家のオーギュスタン・コシャン（Augustin Cochin）がその様子を「まるで壁のない牢屋のようであり、奴隷を搾取しながら、タバコ、コーヒー、砂糖を生産する不快な工場」と描写している。

当時、農園主の邸宅から離れた所に、奴隷が住む藁、泥壁で作られた小屋があった。

「それぞれの家族に1つずつの小屋が与えられた。その壁は泥や牛の糞で固めたすのこでできていた。扉も窓も1つしかなかった。小屋は農園主の邸宅から離れた所に、一列に並んでいた。黒人はほぼ毎晩、湿気を払うために小屋で火を焚いていたため、火事が頻繁に起こっていた。農園主は邸宅まで火が届かないよう、小屋を風下に建てた。板製の寝床は狭い部屋の奥にあった。部屋にあるのはひょうたん、ベンチ、机、木製の用具のみだった。」

フロッサール（Benjamin-Sigismond Frossard）著『黒人奴隷の立場』（La cause des esclaves nègres）（1789年）より

豪邸というイメージ

大農園主の邸宅と聞くと、住み心地のよい豪邸を思い浮かべるかもしれないが、実際は必ずしもそうではなかった。その多くは慎ましやかで、フランスの農家やブルジョワ階級の館に似たものだった。

豆知識：有名な暴動

過酷な運命から逃れることに成功した奴隷もいた。1532年、109人の奴隷がポルトガルのミゼリコルディア船を制圧した。生き残った船員はたったの3人だった。しかしながら、暴動の多くは徹底的に鎮圧された。反抗者の体は切り刻まれ、見せしめのために吊るされた。

ラム蒸留所の未来

ラム蒸留所は伝統を守り続け、それを糧としてきた。しかし、その製造法については、エネルギーの大量消費、天然資源の乱用、有害物質の放出、などの理由で批判されることも多い。
しかし、生産者の考え方も変わりつつあり、環境負荷の低減に取り組む蒸留所も増えてきた。

時に正当な批判

昔から、多くの蒸留所で環境問題は二の次とされてきた。蒸留廃液の海洋投棄、労働者が病気になる（さらには死に至る）ほどの農薬の大量散布など、様々な汚染を引き起こしてきたことは事実である。

大量生産へと駆り立てた需要拡大

ラムの世界消費量は数年前から増加している。ラムの生産量を増やすためには、より多くの原料を調達しなければならない。

エコロジカルな蒸留所を目指して

環境負荷を低減する取り組みは、サトウキビ畑から始まっている。
- サトウキビの栽培期間に散布する農薬の低減
- 蒸留所内の搾りかすを利用した肥料
- 蒸留所に近いサトウキビ畑（輸送の低減）

さらに、蒸留所ではサトウキビの搾りかす（バガス）は燃料として再利用される。発酵工程で生成されるCO_2は収集されて、炭酸飲料メーカーに供給される。バガスの燃焼で出る煙中の粒子は収集されて堆肥化される。発酵槽の底に溜まった残留物も堆肥となる。蒸留廃液は処理・浄化され、サトウキビ畑の灌漑用水になる。さらに、蒸留かすは蒸留所に必要な電気を生成するバイオマスシステムにも再利用される。太陽の光に恵まれた地域では、ソーラーパネルが導入されている。

「クリーンケーン」運動

最大の懸案の1つとして、サトウキビ栽培の環境・倫理問題がある。主な栽培国はブラジル、インド、中国、オーストラリア、東南アジア（フィリピン、インドネシア、タイ）だが、残念ながら、必ずしも社会や環境に配慮した条件で栽培が行われているわけではない。そのため、サステイナブル基準を満たした原料であることを証明する、「ボンシュクロ」(Bonsucro)や「プロテラ」(ProTerra)などの認証ラベルが導入された。サトウキビの栽培と加工が人間と地球を尊重しながら実践されていることを認証するラベルである。

蒸留所により近い場所で栽培

カリブ海の多くの島々で、サトウキビが栽培されなくなった。一部の蒸留所は、数千km離れた場所まで糖蜜を輸送しないで済むように、サトウキビ栽培地をラム蒸留所に近い場所に移すようになった。

オーガニック栽培

サトウキビの有機栽培に力を入れている蒸留所もある。「ネイソン蒸留所」(Neisson)はマルティニーク初のオーガニックラムを発売した。そのために、畝と畝の間の雑草除去は農薬ではなく機械で行われている。サトウキビの根元に生える雑草は手で抜去している！ オーガニックラムは評価に値する逸品だ！

豆知識：フェアトレードのラムも存在する

フランスのスピリッツメーカー、「フェア」(Fair)はフェアトレードで調達したサトウキビでラムを造っている。「ベリーズ・ラム」(Belize rum)、「サルヴァドールXO」(Salvador XO)などの銘柄がある。

ラムを味わう

ラムのテイスティングというと初めは難しそうに聞こえるかもしれない。でもシンプルな手順で何度か経験すれば、今まで味わったことのない喜びが、グラスの奥に秘められていることを知るだろう。その魅力にひとたび触れたら、このスピリッツをもっと知りたい、その香りと味わいを言葉で表現したい、他のラムも味わいたい、という思いがどんどん膨らんでいくことだろう。さあ、グラスを手にして五感の旅に出よう!

テイスティングに備える

念願のボトルをやっと手に入れた。でも急いで開けようとしないで。美味しく味わうためには、それなりの準備が必要だ。蒸留所が丹精込めて仕上げた上質なラムを堪能するために、まずはベストな環境を整えよう。

失敗しないためのチェックポイント

1 焦らない
美味しいお酒はゆったりとした気分でじっくり味わいたいものだ。せかせかした気分で飲むと台無しである。自由な時間がたっぷりある時に楽しもう。スマホの着信音は消して、誰かにじゃまされない時間帯を選んで。

2 癖のある人は招待しない
テイスティングは美味しいラムを仲間と分かち合い、感想を述べ合う時間でもある。親戚や同僚、友人を招待する時は、人選に気を付けよう。うんちくを傾ける人や自分が正しいと信じてやまない人、知ったかぶりの人、場の雰囲気をしらけさせるような人は呼ばないほうがよい。

3 他人の意見に流されない
同じラムを飲んでも、そこから得る印象は人によって違う。「美味しい」か「まずい」かしか言わない人、「私が感じたアロマをきっと感じるはずだ」と主張する人の意見に影響されないように。自分が得た印象をそのまま受け入れ、表現してみよう。

4 環境の悪い場所を選ばない
何も完璧である必要はない。静かで乾燥した、余計な匂い（台所、タバコ、香水）のしない空間であれば十分だ。騒音や音楽が聞こえると、感覚が鈍ってしまう。参加者全員がゆったりと座れる椅子やソファを用意したい。1時間以上も立ちっぱなしで飲むのは疲れる。

5 順番を間違えない
アルコール度数が60%以上の強いラムから始めると、その後で味わう40%のラムの繊細な香りが感じられなくなるだろう。弱いものから強いものへと順々に飲み進めるのがベスト。以下のようなテーマを設けるのもグッドアイデアだ。
● アグリコールラム
● アラウンド・ザ・ワールド
● ヴァーティカル（1つのメーカー製の複数のラム）

6 水を用意する
ラムを水で割らないとしても（そうする人もいるが）、1つのラムを味わって次に移る前に、水を飲んで口の中を洗い流す必要がある。ミネラル分が控えめな軟らかいミネラルウォーター、特にテイスターの間で評価の高いボルビックなどがおすすめだ。水道水の場合、デカンタなどに入れて1時間置いてから、グラスに注ぐよう心がけて。

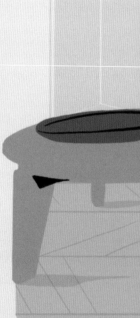

7 空腹はNG
アルコール度数が40%、さらには70%以上のラムを数種味わうのだから、すきっ腹で挑むのは無謀というものだ。3杯目で事前に何か食べておかなかったことを後悔することになるだろう。さらに最初の1杯は食欲を増進させる。テイスティングするラムと相性の良いおつまみを用意しておくのも忘れずに。

幻のボトル

いつまでも思い出に残る特別な会にしたい？ その場合、可能であれば、テイスティングの締めくくりにとっておきのボトルを出すとよいだろう。例えば、数のごく少ない限定品、ヴィンテージもの、珍しい生産国で造られた逸品、など。その幻のボトルの物語を調べあげ、その全てを招待客の前で惜しみなく披露しよう。感動的な会として、皆の記憶に刻まれることだろう。

飲み慣れたラムで体調をチェック

まずはよく飲んでいるラムを味わってみる。そのラムからいつもと同じ風味を感じたら、テイスティングを続行してもよいという合図だ。感じない場合は、ラムを適切に評価できるコンディションではないので中止したほうがよい。

アルコールの人体への影響

ひとたび喉を通ると、ラムは「ガリバー旅行記」の主人公さながら、体中を巡る冒険に出る。

アルコールの分解能力には男女差がある

アルコールの血中濃度は体内の水分量に左右される。アルコールは脂肪分よりも水分によく溶ける。女性の器官は男性よりも脂肪組織が多く、水分が少ない。そのため、同量を摂取した場合、一般的に女性のほうがアルコールの血中濃度が高くなる。

アルコールが消化器系を巡るルート

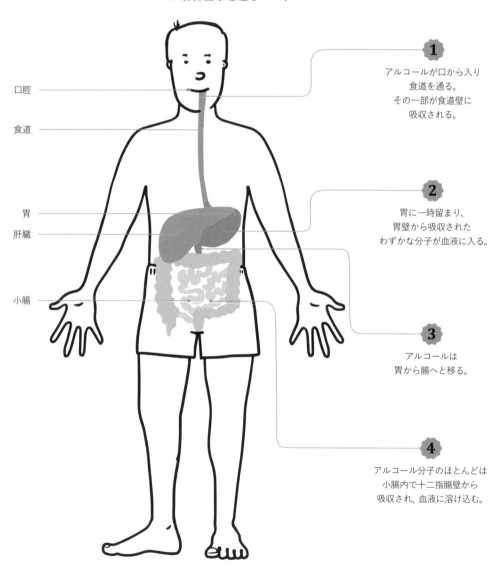

口腔

食道

胃

肝臓

小腸

1
アルコールが口から入り
食道を通る。
その一部が食道壁に
吸収される。

2
胃に一時留まり、
胃壁から吸収された
わずかな分子が血液に入る。

3
アルコールは
胃から腸へと移る。

4
アルコール分子のほとんどは
小腸内で十二指腸壁から
吸収され、血液に溶け込む。

アルコールが循環器系を巡るルート

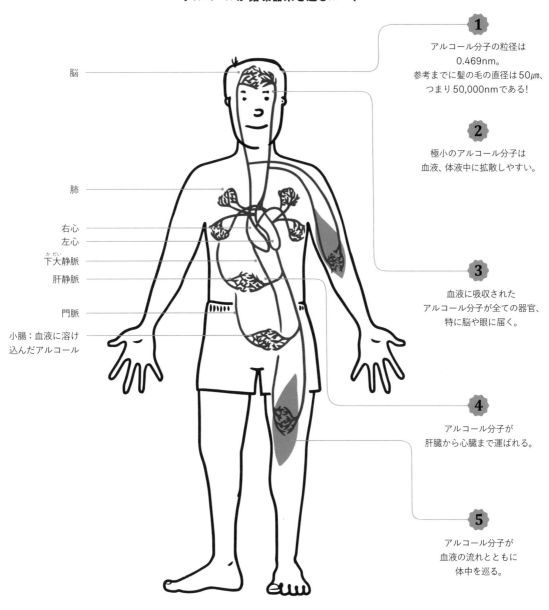

脳

肺

右心
左心
下大静脈
肝静脈
門脈

小腸：血液に溶け
込んだアルコール

1 アルコール分子の粒径は
0.469nm。
参考までに髪の毛の直径は 50μm、
つまり 50,000nmである!

2 極小のアルコール分子は
血液、体液中に拡散しやすい。

3 血液に吸収された
アルコール分子が全ての器官、
特に脳や眼に届く。

4 アルコール分子が
肝臓から心臓まで運ばれる。

5 アルコール分子が
血液の流れとともに
体中を巡る。

豆知識：アルコールの作用を疑似体験するための眼鏡

飲酒後の行動のリスクを消費者に身をもって体験してもらうために、血中のアルコール濃度が上がった時に何が起こるかを疑似体験できる眼鏡を開発した団体がある。この眼鏡をかけると見ているものが歪み、距離感が分からなくなる。バランス感覚がなくなり、簡単な動作も難しくなる。

アルコールの作用

同じ量を飲んだはずなのに……

酔いやすい人もいれば、そうでない人もいる。アルコールへの耐性には個人差があり、様々な要因に影響される。

- 摂取量
- アルコール飲料の化学組成
- 消費頻度
- 性別：女性は男性よりも体内の水分量が少ないという違いがある。
- 年齢：年配になればなるほど、体がアルコールを受け付けなくなる傾向にある。

お酒の種類によって体内吸収の早さが異なる

ラムのアルコール度数は約40%以上あり、ビールやワインよりもゆっくり吸収される。胃壁が刺激され、胃から十二指腸への通過のための幽門弁が開くのに時間がかかるからだ。ラムとワインでは同等の純アルコール量を摂取したとしても、アルコールの作用はワインよりも後になって感じられる。

二日酔いの原因

アルコールは血液に入ると、まず水分の多い器官に広がる。血管が多い脳はまず先に影響を受ける器官の1つである。そのため、お酒を飲むと頭が痛くなるというおなじみの症状が出る。

お酒の単位：「ドリンク」

飲酒量をきちんと把握するためには、それぞれのお酒の純アルコール量を比較する必要がある。1ドリンク＝純アルコール量10gで、これはアルコール度数12%のワイン100㎖、40%のラム25㎖に相当する。

アルコール依存に注意

お酒は楽しく節度を持って嗜むものである。お酒なしでは過ごせなくなったら、医師に相談したほうがよい。

FACUNDO BACARDÍ MASSÓ

ファクンド・バカルディ・マッソ

1814   1886

ラム界を一変させた予見者

ラム業界の世界的リーダー、「バカルディ」(Bacardí) は、世界最大の家族経営の酒造会社でもある。華麗なる一族の歴史はファクンド・バカルディ・マッソから始まる。

カタルーニャ人の石工の息子として生まれ、16歳の時に、ワイン商の長兄が住むキューバへ移住。1844年に自身の事業を立ち上げた。

1852年、地震に続いてコレラ病が蔓延し、サンティアゴ・デ・クーバは荒廃した。2人の息子を亡くしたファクンドとその家族は、スペインのカタルーニャ地方に数か月間、避難した。

キューバに戻ると、彼の商店は荒らされていた。すでに災害で傾いていた商売は世界的な砂糖危機の影響を

直に受け、1855年に倒産した。

しかし、ファクンドは落胆するどころか、フランス系キューバ人、ホセ・レオン・ブーテリエ (José León Boutellier) の協力を得て、様々な蒸留術を研究し、ラム品質の向上に勤しんだ。試行錯誤の結果、より洗練されたラムを造り上げ、兄の商店の顧客を魅了することに成功した。

1862年2月4日、共同経営者とともに蒸留所を買い取り、「バカルディ・ブーテリエ・アンド・カンパニー」(Bacardí Boutellier and Company) を創立し、小売業に専念した。その商品に対するイメージが上々であることに自信を得たファクンドは、実に巧みな戦術を打ち出した。それぞれのラムボトルに「Bacardí M」と刻み、スペイ

ンで健康、富、家族の団結のシンボルであったコウモリを、ブランドマーク(バット・デバイス)としてラベルに表示し、販売したのである。

1877年、ファクンドは引退し、息子のエミリオ、ファクンド・ジュニア、ホセに経営を委ねた。

1960年、キューバ革命により、バカルディ家はプエルトリコへ亡命した。その首都、サン・フアンには「ラム大聖堂」として名高い「カーサ・バカルディ蒸留所」(Casa Bacardí) がある。現在、バカルディ家の7代目がグループの舵を取り、伝統を守っている。

テイスティングについて学ぶ

テイスティングは単にお酒を飲む行為を示すわけではない。五感を総動員してお酒を評価する創造的な行為である。ものの感じ方は人によって違い、同じラムから感じる香りや味の印象もそれぞれ異なる。ラムメーカーが他社よりも魅力的な商品を開発するために、五感に訴えるファクターの研究に投資を惜しまないのも頷ける。

認知神経科学について

認知の神経生理学的なメカニズム、つまり知覚、運動機能、言語機能、記憶、推論、さらには感情を研究する学術分野である。

ラムを初めて口にした時の印象

コーヒーやビールと同様に、その第一印象はあまりよいものではなかった、という人も少なくないだろう。しかし、時が経って美味しく感じるようになり、その味を好きになるのは何故だろうか? それは、何年もかけて繰り返し味わううちに、知覚した風味や特徴が他の知識や感情とともに記憶の図書館に蓄積されていき、ものの感じ方が変化していくからだ。

テイスティング会が敬遠される理由

仰々しい言葉を並べ立て、参加者に同調を求める空気をつくる専門家（と自称専門家）が多くいるのは事実である。しかし、そのような堅苦しい雰囲気にのまれることはない！
同じラムから専門家とは違う香り、味わいを感じても、それは当然のことである。テイスティングは喜びをもたらし、想像力を豊かにする私的な冒険である。そのためには、誰もがリラックスして楽しめる場が必要だ。テイスティングを重ねることで、個々人の記憶に刻まれる香りや味、感動の情報が豊かになっていく。

視覚

テレビの料理番組を見て、思わず生唾をのんだ経験は誰にでもあるだろう。見た目は味覚に影響する。ラムメーカーの多くは、じっくり熟成させたラムという印象を与えるために、カラメル色素を添加して琥珀色に仕上げている。

視覚に訴える演出の例
- 豪華なボトル
- 受賞経歴を記した華やかなパッケージ
- 着色料による濃褐色の液体

聴覚

音も重要である。食品から出る音の味覚への影響を解明するための研究が年々増えている。

聴覚に訴える演出の例
- 異国情緒あふれる名称
- カクテルに加える氷や炭酸水の音

触覚

ボトルやグラスの手触り、重さ、温度感（冷たい／温かい）、形などもラムの香りや味の印象に影響する。

触覚に訴える演出の例
- 高級感を与えるずしりと重いボトル
- 様々な質感を楽しめる小道具

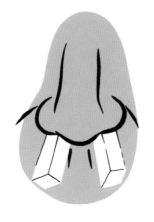

嗅覚

より複雑で、ごまかしにくい感覚。嗅覚が特に鋭く、何の香りかすぐに嗅ぎ分けられる人もいる。しかし、ほぼ誰でも多種多様な香りを嗅いで鼻を鍛えることで、嗅覚をより鋭くすることは可能だ。

嗅覚に訴える演出の例
甘い香りを出すための加糖（ボトル1本に角砂糖9個分の量を入れることもある）

グラスの選び方

あれこれと迷って、ようやくラムを1本選んだ。しかし、ここで気を抜いてはならない。次の重要なステップ、グラス選びが待っている。ここでミスをしたら、全てが台無しになってしまう！

飲み口の広さ

ラムのスタイルにかかわらず、飲み口が狭いグラスを選ぼう。口径が広いとラムを注いだ途端に、香りが飛んでしまう。

脚付き？ 脚なし？

ラムはアルマニャックとは違う。アロマを開くために手で温める必要はない。脚付きのグラスは、手の温度がラムに伝わりにくいというメリットがある。

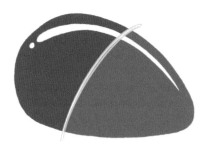

他のポイント

できるだけ薄いグラスを選ぶ。空気が回りやすく、香りが豊かに広がるからだ。またラム本来の色をじっくり観察するには、無色透明のグラスがベストである。

ジョッキ

まずは水夫たちが伝統的に使っていたジョッキに触れないわけにはいかないだろう。ただ実用的だったというだけで、ラムの繊細な香りや味を楽しむためのものではない。世界で最も長く愛用されてきたというのは事実だが、テイスティングには向かない。

INAOグラス

ワインや他のスピリッツのテイスティングにも適した万能グラス！ フランス国立原産地名称研究所（INAO）が1970年代に、ワイン鑑定用に開発した規格グラスである。

ノージング・グラス

ラム酒の見本市でよく使われているタイプ。コストパフォーマンスが良く、アロマを十分に閉じ込めてくれる。

グラッパ・グラス

容量が少なく、特にホワイトラムを味わう時におすすめのグラス。香りが開くように中央部が膨らんでいるため、「第一香」もしっかりと感じられる。

チューリップ型グラス

アルコール度数の高いラムに最適。中央部が膨らんでいるため、アロマが十分に開く。

グレンケアンズ・グラス

ウイスキー専用ではあるが、ラムとの相性も申し分ない。短めの脚が付いているので、手の温度が液体に伝わりにくい。

オープンアップ スピリッツ・アンビアント・グラス

フランスのブランド、「シェフ＆ソムリエ」(Chef & Sommelier)のオリジナル。どんなタイプのラムにも合う優れものだ。グラッパ・グラスよりも容量が大きい。強烈なカスクストレングスタイプとの相性も完璧。

オープンアップ スピリッツ・ウォーム・グラス

同じく「シェフ＆ソムリエ」(Chef & Sommelier)製で、ヴィンテージ・ラム愛好家の間で人気の高いグラス。中央部が広く、飲み口が狭い形状で、アルコールの揮発をおさえつつ、豊かな香りを開花させる作りになっている。映画の中で、葉巻とともに登場するタイプのグラスである。

リッド(蓋)付きグラス

香りを閉じ込めるガラスの蓋のついたグラス。スコットランドのウイスキーメーカー、「グレンモーレンジィ蒸留所」(Glenmorangie)がデザインを発案したという説がある。それはともかく、ラムのテイスティングにも適したグラスである。

豆知識：グラスに注ぐ量

ラムを味わう時は、グラスになみなみと注ぐのではなく、グラスの一番膨らんだ中央部まで注ぐのがよい。

色付きグラスはNG

ラム本来の色を鑑賞できない色付きグラスは避けるべき。ただし、ブラインドテイスティングを試みるのであれば、完全に不透明なグラスを選ぼう。

セット品のグラス

クリスマスなどのパーティーシーズンになると、ラムのボトル＋グラスのセットを提案するメーカーも少なくない。しかし残念ながら、ラムのテイスティングに適さないグラスであることが多い。上質なグラスは1個50€もするものもあるのだから、仕方がないことである。そう、価格と品質は比例するのだ。

テイスティングを始める前に

ラムを数本手に入れた。良い場所を選び、良い道具を揃え、気心の知れた仲間を招待した。
後はテイスティングを始める前に、最後の仕上げをするだけだ!

全ては好みの問題!

ここでラムの美味しい味わい方を少し紹介する
が、これは一例に過ぎない。どのように味わう
かは個人の自由である! 自分に合った飲み方で、
楽しもう!

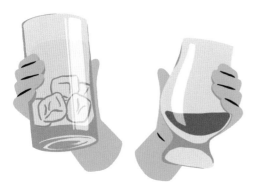

氷を加えてもいい?

ラムをカクテルにして飲むのであれば、氷のカランカランという音は心地よいものであろう。しかし、ラムをストレートで飲む場合は氷を入れないほうがよい。2つのデメリットがある。
● 氷が溶けて、ラムが薄まってしまう
● ラムが冷えてしまい、常温でしか開かないアロマが感じられなくなる

水を加えてもいい?

ウイスキーと同じく、ラムを味わう時に水を加えることは
そう珍しいことではない。ウイスキーを普段から嗜んでい
る人は、ラムにも水を加える傾向にある。加水でアルコー
ル度数が下がり、アロマが豊かに広がる。しかし、断固と
してこれを拒否する純粋主義者がいるのも事実である。試
してみたいのは、カスクストレングスのラムに、少量ずつ
加水して、味わいの変化を感じることである。グラスに注
いだラムに水を加える場合は、ミネラル分の多い硬水、水
道水は避けよう。純水装置がない場合は、テイスターが推
奨している軟水のボルヴィックがおすすめだ。

冷やしすぎず……

ラムのボトルを冷蔵庫で保存する必要はない！冷やしすぎると、アロマが閉じてしまう。地下倉庫などの冷暗所で保管する場合は、味わう数時間前に室温に戻すように心がけて。

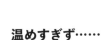

温めすぎず……

ラムをてのひらで温めるべきでもない！ それどころか絶対にNGだ。室温で味わうのがベストである。

室外？ 室内？

年代物の蒸留酒を味わう時、室内と室外では味わいの印象が異なる。室内では通気が悪く、アロマが十分に開かないと感じることもある。外に出ると、新たな香味を感じることができるかもしれない！

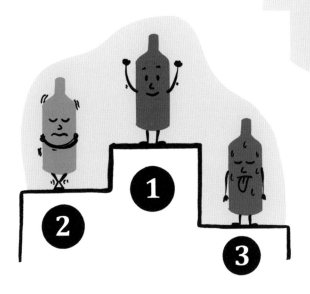

ソープストーンは？

ラムにソープストーンなどの冷やした石を加えるという飲み方もある。ラムが氷で薄まらないというメリットはあるが、室温よりもアロマが開かないというデメリットがある。どうしてもひんやりしたラムをお望みなら、ボトルのままで数時間、冷蔵庫で冷やすほうがよいだろう。ただし、ラム本来の豊かな香味を存分に感じることはできないだろう。

ボトルかデカンタか？

ラムをボトルからデカンタに移し替える人も少なくない。味わいに好ましい作用をもたらすのか？　それとも、視覚的な効果のみだろうか？

用途

ワインの場合、キャラフやデカンタを使うことが多い。これらのガラス容器は特に若いワインを注いで空気と接触させて香りを開かせるために（キャラファージュ）、長熟のワインを入れて澱を取り除くために（デキャンタージュ）用いられる。

ラムは完成品

ラムの特色はボトリングされたら完成品と見なされることだ。つまり熟成年数が7年のボトルは、セラーでさらに10年寝かせたとしても、ワインのように熟成が進むことはなく、7年のまま変わらない。

さらに、ノンフィルターのラムでない限り、デキャンタージュが必要となる澱が形成されることはごく稀である。空気に触れさせるメリットもない。その点ではボトルからグラスに注ぐだけで十分だ。つまり、デカンタは、見た目を美しく演出するためだけにある。

光に注意！

例えば、ボトルのデザインが気に入らないなどの理由で、ラムをデカンタに移し替える場合、暗所で保管するよう心掛けて。光はラムの色だけでなく、風味も劣化させる恐れがある。

デカンタを選ぶ時のチェックポイント

密封性
空気の出入りを防ぐ、ラムが蒸発しにくい密封性の高い栓が付いたものを選ぶ。

ガラスの色
理由はよく分からないが、色付きガラスのデカンタが市場に存在する。できる限り、無色透明なものを選ぼう。

実用性
競合他社と差を付けるために、奇抜なデザインのデカンタを造っているメーカーもある。確かに演出効果はあるかもしれないが、使いやすさを十分に考えて選んだほうがよい。

クリスタルガラス製のデカンタには注意が必要！

クリスタルガラスは鉛が多く含まれている素材である。鉛はガラスの融点を下げ、その透明度、密度を高め、澄んだ打音を響かせる効果がある。しかし、鉛はラムなどの液体に溶出して、体内に入る恐れがある。近年の品質規格では、鉛の含有量が低く制限されているが、鉛の体内濃度が高くなると、腎臓疾患、神経系の障害などの健康被害をもたらす。それでもクリスタルガラス製のデカンタに惹かれる場合は、ラムの保存用としてではなく、グラスに注ぐためのサーバーとしてのみ使うほうがよい。

デカンタで商品化されているラムもある！

特別なラムの希少価値を演出するために、普通のボトルではなく、高級感のあるデカンタに入れて商品化しているメーカーもある。いくつか例を挙げよう。

「ニュエ・アルダント　オル・ダージュ」
(Nuée Ardente Hors d'âge)／A1710製
限定品(700mℓ,44.7%)

「プラチナム・リザーヴ　オル・ダージュ」
(Platinum Reserve Hors d'âge)／A.H.Riise製
限定品(700mℓ,42%)

「オル・ダージュ」
(hors d'âge)／Clément製
クリスタル・デカンタ(700mℓ,42%)

豆知識：自宅で実験してみよう

ボトル半分のラムをそのまま残して、もう半分をデカンタに移す。酸化を防ぐために、両方にビー玉を入れておく。そして定期的に少しずつ飲み比べ、外観や風味に違いを感じるかをチェックする。まずは見た目が味覚に影響するため、容器が違うだけで、味わいが変わったと感じるかもしれない！

テイスティングの3ステップ

用意するもの

ラムボトル

INAOグラス

20㎖（またはそれ以下）

場所

まず居心地のよい空間を選ぼう。暑すぎず寒すぎない、静かな場所でリラックスする。スマートフォンの電源を切るのを忘れずに。準備が整ったら始めよう。

作法

テイスティングを始める直前に、ラムをグラスに注ぐ。前もって注ぐと、より揮発しやすい香気成分が飛んでしまうので気をつけよう。

1　外観

色

テイスティングは、まずラムを観察することから始まる。ただし、見かけにあまり騙されないようにしよう。熟成感を出すために、着色料を添加して琥珀色にしているメーカーも多い（ラベルに着色料無添加と書いているものを除く）。

涙

グラスを軽く回して、グラスの側壁を伝って流れ落ちる、ラムの涙（または脚）の粘度と形状を観察する。涙が細長く、ゆっくり流れ落ちるものは、アルコール度数がより高いことを、涙が太いものは粘度がより高いことを示す。

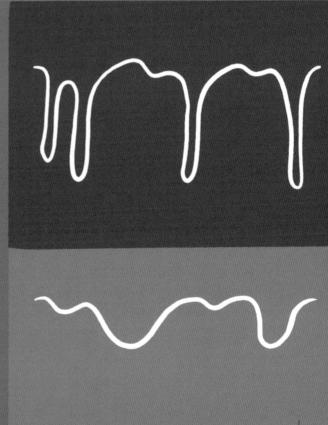

② 香り

テイスティングの第2ステップは、グラスに注いだラムから立ち上る、様々な揮発性の香気成分を鼻先で嗅ぐことである。幸いなことに、これらの化合物は分子量がそれぞれ違うため、嗅ぎ分けることができる。このステップでは常に同じタイプのグラスを使うようにしよう。グラスの形状が違うと、空気の回り方も異なるため、同じラムでも香りの印象が変化するからだ。
また、グラスを回しすぎないように注意しよう。
グラスの中でアロマが十分に開くのに約6分かかる。

ステップ1

ラムはアルコール度数が高いので、鼻をすぐに近づけすぎると嗅覚が麻痺してしまう恐れがある。ラムを注いだグラスを鼻から40cmほど下の位置で真っ直ぐ持つ。グラスを軽く回して香りを開かせ、しばし待つ。グラスを徐々に鼻に近づけ、最初の香りを感じたら、そこで一度止める。さらに、グラスを鼻から10cmほどの位置まで上げて、軽く傾ける。ここでは最も揮発しやすいアロマ（フローラル）が感じられるだろう。これは「第一香」と呼ばれる。

ステップ2

それぞれの香りを嗅ぎ分けるために、グラスを水平に持ち、指先で軽く回す。鼻をまずグラスの下の縁に近づけて、上の縁へ移動させる。
● グラスの下の縁の部分では、より重厚な香りが感じられる。
● より上方では、フルーティーな香りが現れる。
● 蜂蜜のような甘い香りが続く。

ステップ3

グラスを横に持ち、鼻をグラスの外側の中央部に近づける。こうすることで、最も繊細なアロマを嗅ぎ取ることができる。フローラルな香りが立ち上る。

豆知識：鼻の穴は右も左も感じる香りは同じ？

鼻孔は右と左で香りの感じ方が違うことをご存じだろうか？　実際に試してみるとよく分かる。グラスの高さを変えず、右から左へと移動させてみる。すると感じる香りが同じではないことに気づくだろう。これは空気の通り具合がそれぞれ違うからである。

3 味わい

鼻で香りを堪能したら、次はラムを味わう番だ。だがここで焦りは禁物。
急いで飲むと風味が感じられず、せっかくのテイスティングが台無しにな
ってしまう。

口に含む

ラムはアルコール度数が40%以上もあるため、強すぎると
感じる人も多い。その場合、まずごく少量を口に含み、舌
で転がしたり、口蓋に打ちつけたりして、口内全体に広が
るようにする。口内の様々な部位、特に舌に行き渡るよう
に、何か言葉を発してみるのもよい。

こうすることで、唾液がさらに分泌され、化学受容器が刺
激されて中枢神経系に情報がより正確に伝達される。

口中香

ラムを飲み込む時に後鼻腔性嗅覚で感じる香り
のこと。つまり、鼻先で感じる香り（鼻先香）で
はなく、喉の奥から鼻に抜ける時に感じる香り
のことである。口中香を感じた後に、グラスの
中のラムを再び鼻先で嗅ぐと、不思議なことに、
香りが口に含む前とは違って感じられる。

余韻

ラムを飲み込んだ後に香味が口中に残る長さも
重要なポイントである。短いか、ほどほどか、
長いか、など余韻の長さも評価する。

飲み込むべきか？　吐き出すべきか？

これは意見が分かれるところである。ラムが喉を通らな
ければ、その特徴の全てを評価できないという人もいる
だろうが、吐き出しても全体的な評価をすることは可能
である。実際、プロのテイスターは数種類のラムを鑑定

する時に、頭がふらふらにならないように吐き出している。
飲み込む派は、口中香をより良く感知することができる
だろう。吐き出す派はゆっくりと呼吸をして、鼻から抜
ける香りをより長く感じるようにしよう。

ラムのフレーバー

1,500以上ものフレーバーが系統的に分類されているスピリッツは、香りと味わいのパレットが実に豊かなお酒である。感覚を鍛えられた人間の鼻は、4,000以上の匂いを感知できると言われている。しかし、そのレベルまで達するには時間がかかるため、まずはラムの代表的な香味特性をまとめてみた。

テイスト（味）による分類

世界共通の規制がないため、ラムを系統的に分類することは難しい。初心者にとっては、ラムによってかなり差がある、幅広い香味特性を把握するのは至難の業だ。限定された単純な分類法かもしれないが、以下の4方位チ

ャートのように、まずはラムをテイスト（味）の特徴別にグルーピングすると分かりやすい。ドライ、スイート、リッチ、ライトに大きく分けられるが、自分の好みの味を把握する指標となる。

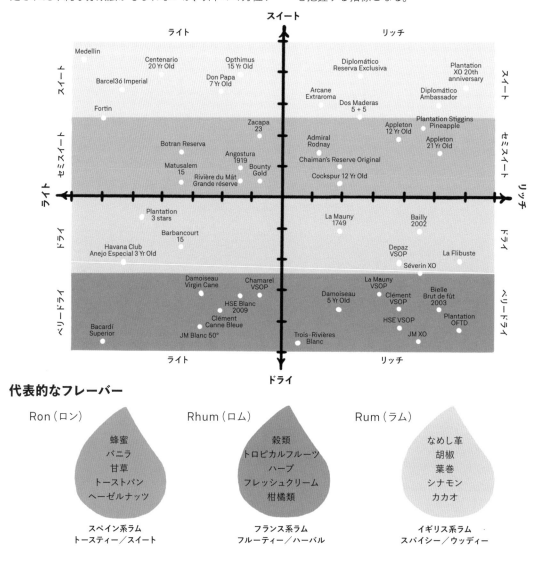

代表的なフレーバー

Ron（ロン）

蜂蜜
バニラ
甘草
トーストパン
ヘーゼルナッツ

スペイン系ラム
トースティー／スイート

Rhum（ロム）

穀類
トロピカルフルーツ
ハーブ
フレッシュクリーム
柑橘類

フランス系ラム
フルーティー／ハーバル

Rum（ラム）

なめし革
胡椒
葉巻
シナモン
カカオ

イギリス系ラム
スパイシー／ウッディー

さらに追求したい人へ：フレーバーホイール

ラムのフレーバーを特定するための指標。香りを系統別に分類したもので、3層で構成されている。まずは一番内側の系統のどれに当てはまるかを特定して、より分類の細かい外側の2層、3層へと進み、最終的に自分が感じたフレーバーを識別する。

その他の分類法

ラムはスタイル、生産地、熟成年数、色調、さらにはアルコール度数に応じて分類されることが多い。さらに 2015 年から新たな分類法、「ガルガーノ法」が認定された。

また別の分類法?

上述した分類法には難点もある。特徴の全く異なるラムが同じカテゴリーに分類されることもあるからだ。2003 年に、スピリッツの評論家、デイヴ・ブルーム（Dave Broom）が、生産地別に 5 つのスタイルに分類する新しい方法（右図）を提案した。

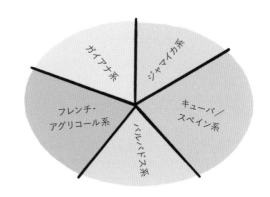

ガイアナ系 ／ ジャマイカ系 ／ キューバ／スペイン系 ／ バルバドス系 ／ フレンチ・アグリコール系

品評会の問題

ラムの分類に限界を感じるのは、特に品評会においてである。アグリコール・ホワイトラムとキューバ産ホワイトラムを、「ホワイトラム」というカテゴリーで比較するのは難しい。原料も特徴も全く異なり、共通点が見られないからだ。さらに、熟成後に活性炭で濾過したホワイトラムもあるため、色の濃淡で区別するのも難しい。昔も今もラムの分類には頭を悩まされる。

蒸留法と原料による分類

2015 年、イタリア人のルカ・ガルガーノ（Luca Gargano）が、バルバドスの「フォースクエア蒸留所」（Foursquare）のセラーマスターであるリチャード・シール（Richard Seale）とともに、消費者に品質と透明性を保証するための新しい分類法を考案した。この「ガルガーノ法」は 2 つの基準、すなわち蒸留法（単式または連続式）と原料（搾り汁、モラセスまたはハイテストモラセス）に基づいている。この分類法では、消費者はラムの製造法により興味を持ち、知識を深めることができる。ラムを表面的な特徴からではなく、本質から理解できる点で優れている。

ガルガーノ法

ピュアシングルラム
原料：糖蜜 −1蒸留所−
ポットスチルによる単式蒸留
蒸留所の例：ハンプデン（Hampden Eatate）、ワーシー・パーク（Worthy Park Estate）、
フォースクエア（Foursquare）

ピュアシングル アグリコールラム
原料：搾り汁 −1蒸留所−
ポットスチルによる単式蒸留
蒸留所の例：ロム・ロム（Rhum Rhum）、リバー・アントワーヌ（River Antoine）、クール・ド・ショッフ／セント・ジェームス蒸留所（Coeur de Chauffe／Saint James）

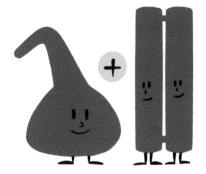

シングルブレンデッドラム
ブレンド −1蒸留所−　ポットスチルとコラムスチルによる単式、連続式の混合蒸留
蒸留所の例：アプルトン（Appleton）、ディプロマテイコ（Diplomático）、マウントゲイ（Mount Gay）、フォースクエア（Foursquare）、チェアマンズ・リザーヴ（Chairman's Reserve）

トラディショナルラム
原料：糖蜜 −コラムスチルによる連続式蒸留
蒸留所の例：アンティグア（Antigua Diatillery）、リヴィエール・デュマト（Rivière du Mât）、セントビンセント（St.Vincent Distillery）、サヴァンナ（Savanna）、ベルヴュー（Bellevue）

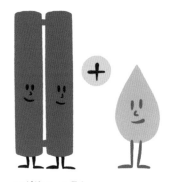

アグリコールラム
原料：搾り汁 −コラムスチルによる連続式蒸留
蒸留所の例：ネイソン（Neisson）、セント・ジェームス（Saint James）、ダモワゾー（J.M, Damoiseau）、ボローニュ（Bologne）

ラム
その他のライトラム：糖蜜を原料とする、2塔以上のコラムスチルによる連続式蒸留
蒸留所の例：ハバナクラブ（Havana Club）、バカルディ（Bacardí）、フロール・デ・カーニャ（Flor de Caña）、アンゴスチュラ（Angostura）、ロン・サカパ（Ron Zacapa）、ロン・アブエロ（Ron Abuelo）

それでも限界がある……

ガルガーノ法はラムの製造場所と方法を公表しているメーカーのみに適用できる。インディペンデント・ボトラーズのなかには、製造法を開示していないところもある。また、一部のラムが他のものよりも優れているという印象を与えるという批判もある。

さらに別の分類法：「マーティン・ケイト法」

ラムが存在する限り、人はそれを分類しようとする。この方法を聞いたことがある人もいるだろうが、ラムとカクテルの専門家であるマーティン・ケイト（Martin Cate）が独自に考案した13ポイント式の分類法である。

マルティニーク産のラム

規制が緩いラム業界のなかで、マルティニークは原産地統制呼称（AOC）を取得した、他とは一線を画する生産地である。その結果、他の生産地がうらやむほどの品質を確立し、世界中にファンを持つほどの成功を収めた。

原産地統制呼称（AOC）とは

1905年にフランスで創立された品質基準で、農産物が特定の生産区域で、「カイエ・デ・シャルジュ」（CAHIER DES CHARGES）という仕様書に定められた生産規定や製法に従って生産されていることを保証する認証である。

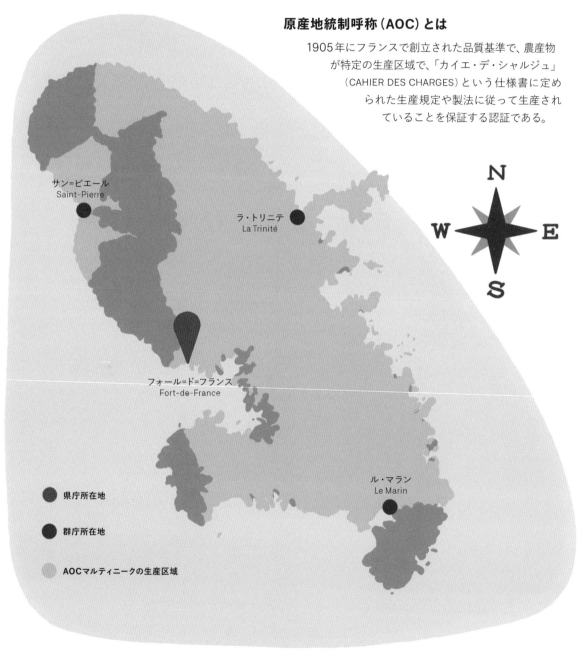

サン＝ピエール
Saint-Pierre

ラ・トリニテ
La Trinité

N
W E
S

フォール＝ド＝フランス
Fort-de-France

ル・マラン
Le Marin

● 県庁所在地

● 群庁所在地

● AOCマルティニークの生産区域

マルティニークの生産区域　　　　　　　　2018年5月付のINAOデータ

テロワールという概念

AOCの基盤にあるのは、「テロワール」という概念である。テロワールとは、その土地特有の個性を備えた農産物を産出する特定の生産区域のことを示す。AOCはその生産区域で継承されてきた伝統製法で作られた農産物に付与される。

AOCマルティニークのアグリコールラムは、島の自然環境とラム造りの伝統の結合で完成した名品である。マルティニークの気候条件はサトウキビの栽培に特に適していて、雨季に青々と生長し、乾季に糖分がたっぷり蓄積される。

1996年11月5日

マルティニーク産のアグリコールラムが20年の月日をかけてAOCを獲得した記念すべきときである。

地酒のラムの価値を高めた島!

アグリコールラムはラムの世界生産量の5%に満たない。そしてそのアグリコールラムの80%がマルティニーク産である。まさに地酒であるラムの価値を高めることに成功した生産地といえるだろう。

AOCマルティニークを産出しているブランド

代表的なブランドを以下に挙げる。
Bally(バリー)、Clément(クレマン)、Depaz(デパズ)、Dillon(ディロン)、Hardy(ハーディー)、HSE(サンテティエンヌ)、Héritiers Madkaud(エリティエ・マッドコー)、Rhum J.M(ジーエム)、La Favorite(ラ・ファヴォリット)、Neisson(ネイソン)、Saint James(セント・ジェームス)、Trois-Rivières(トロワ=リヴィエール)……

豆知識

グアドループ諸島は2015年にIGP(地理的表示保護)を取得した。IGPを表示するには以下の条件を満たさなければならない。
- RHUM BLANC(ホワイトラム):ステンレスタンクで3週間以上寝かせる
- RHUM BRUN(ダークラム):オーク材の大樽で6カ月以上熟成させる
- RHUM ELEVE SOUS BOIS(ラム・エルヴェ・スーボワ):オーク樽で12カ月以上熟成させる
- RHUM VIEUX(ラム・ヴィユー):オーク樽で3年以上熟成させる

AOC認定されていないマルティニーク産ラムもある

マルティニークで生産されているが、AOC対象外のラムもある。例えば、シャラント式単式蒸留機(AOCではクレオールコラムが義務付けられている)で造られている「セント・ジェームス」(Saint James)の「クール・ド・ショッフ※」(Coeur de Chauffe)がある。

※クール・ド・ショッフとはミドル・カット製法のことで、アルコール度数の安定した中間部分だけを製品化したものを意味する。

準拠すべき生産規定

AOCを名乗るには、ラム生産者は11ページからなる仕様書と2つの政令を遵守しなければならない。
その概要を以下に挙げる。

1 栽培

- サトウキビの収穫は1月1日から8月31日までの間に行うこと。
- サトウキビの収量は120t/haまで。
- 2月1日から伐採日までは灌漑、散水を行わないこと。

2 製造

- 発酵は開放式ステンレスタンク（容量500hℓまで）で回分式（バッチ式）で行うこと。連続式発酵、密閉式タンクの使用は禁止。
- 発酵時間は最長120時間まで。
- 蒸留は1月2日から9月5日までの間に行うこと。
- クレオールコラムで、連続式蒸留を行うこと。
- 蒸留直後のアルコール度数は65〜75%。
- 最終商品のアルコール度数は40〜75%。

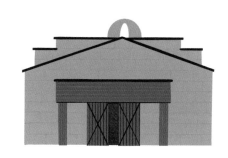

3 貯蔵と熟成

- **Rhum Agricole Blanc：**
ロム・アグリコール・ブラン（ホワイト・アグリコールラム）は無色透明で、蒸留後6週間、ステンレスタンクで休ませる。
- **Rhum Agricole élevé sous bois：**
ロム・アグリコール・エルヴェ・スー・ボワ（樽熟成アグリコールラム）は、オーク樽に詰めた後、12カ月以上熟成させる。
- **Rhum Agricole Vieux：**
ロム・アグリコール・ヴィユー（オールド・アグリコールラム）は、650ℓ以下のオーク樽に詰めた後、3年以上熟成させる。
- **Rhum Agricole Vieux millésimé：**
蒸留年度を表示するロム・アグリコール・ヴィユー（オールド・アグリコールラム）は、650ℓ以下のオーク樽に詰めた後、6年以上熟成させる。

熟成年数を示す等級

ロム・アグリコール・ヴィユー（オールド・アグリコールラム）については、以下の等級を表示することができる。

- 「VO」：3年以上熟成
- 「VSOP」「Réserve Special」、「Cuvée Spéciale」、「Très Vieux」：4年以上熟成
- 「Extra Vieux」、「Grande Réserve」、「Hors d'âge」、「XO」：6年以上熟成

豆知識：AOCで「フィニッシュ」はあり？

「フィニッシュ」（後熟）は認められているが、その着色作用は2 vol%までと定められている。「ジーエム」（Rhum J.M）はフィニッシュにコニャック樽を使用したアグリコールラムを出している。

ラム界の偉大な人物

JOSEPH AKHAVAN

ジョゼフ・アカヴァン

ラッキーボーイ

ラムをこよなく愛するバーテンダー

翻訳家を目指していたジョゼフは、学費を稼ぐために夜パブで働いていた。その時、ファーストフードと高級料理の共存が可能であるならば、バーの世界でもそれが可能であると考えた。

結局、バーの世界に魅了され、2008年に「ママ・シェルター」(Mama Schelter) で本格的にバーマンとしてデビューした。アシスタントからすぐにチーフに昇格し、ニコ・ド・ソト (Nico de Soto) の後任として活躍した。

テイスティングを行ううちに、ラムの魅力に開眼し、バーのために数種類のラムを買い付け、顧客にテイスティングをすすめ、カクテルを各種提案するようになった。ラムの専門書をあれこれと買い求め、その当時パリでは少なかったラムの品揃えの

良いバーに通いつめ、知識を深めていった。

2014年11月、共同経営者と良き伴侶のサマンサとともに、自身のバー、「マベル」(Mabel) を立ち上げた。そこで、海賊やティキカルチャーのイメージに縛られることなく、ラムをカクテルバーのベーススピリッツとして定着させることに勤しんだ。様々なスタイルのラムをグラスで提供し、南国趣味から解き放たれた、そのタイムレスさを強調した新しいスタイルのカクテルを提案した。その中には、ラムベースでアレンジしたマンハッタン、ネグローニ、ダイキリ、フリップ、トリークル、ミルク・パンチなどがある。彼の狙いは、もっぱらフルーツジュースやシロップと組み合わせるためのスピリッツではなく、幅広いスタイルのカクテルに合うユ

ニバーサルなスピリッツとしてラムを広く紹介することだった。

2020年6月、ジョゼフは店を売却した。長年の経験を活かして、「ジーエム」(Rhum J.M) と共同で、カクテルに合うオーダーメイドのラムの研究に取り組んでいる。その努力が実を結び、世界中のバーテンダーに向けた3種のラムが誕生した。

オリジナルカクテル：ラッキーボーイ
ラムJ.M VO：20㎖
クレラン・ルロシェ (Clairin Le Rocher)：5㎖
オーガニックドライバナナ入りのカンパリ：25㎖
ベルモット・ビアンコ／デル・プロフェッソーレ製 (Del Professore)：25㎖
バニラをインフュージョンしたローストセサミオイル：2drops

カシャッサ（CACHAÇA）について

世界的に有名なブラジルのカクテル、カイピリーニャで、このスピリッツの存在を知った人も多いだろう。しかし、ラムに興味を持ち始めた友人から、「カシャッサはラムの一種なの？」と聞かれたら、どう答えるべきか？いずれも原料が同じという共通点はあるが、実際には全く別のスピリッツである。ここでは、ブラジルの食文化に深く根付いたカシャッサにフォーカスを当てる。

カシャッサについて

サトウキビを発酵、蒸留することで得られるスピリッツ。ブラジル国内であれば、どこでも生産可能である。「アルティサナウ」と「インドゥストリアウ」の2タイプがあるが、クオリティーの差が大きい。「インドゥストリアウ」は大衆向け、「アルティザナウ」は一級品と見なされている。政府公認の3,000の蒸留所＋非公認の蒸留所で、年間15億ℓ以上のカシャッサが生産されている。住民1人当たりの年間消費量は8ℓと推定されている。

歴史

カシャッサがブラジルの国民酒となったのは、この国の歴史に深く関係している。その起源は、サン・ビセンテに最初の製糖工場が設立された1532年に遡ると言われている。誕生秘話については2つの説がある。1つは1人の奴隷がサトウキビの搾り汁を煮ていた時に偶然発見したという説で、もう1つはアラブ人から蒸留技術を学んだポルトガル人が、このお酒を最初に製造したという説である。カシャッサが芸術や文学とともに、ブラジルの文化遺産の1つとして掲げられるようになったのは1910年になってからのことである。

カシャッサはラムの一種？

原料がサトウキビであることから、ラムと混同されがちである。さらに悪いことに、外国では「ブラジル産ラム」と紹介されることも多い。しかし、ブラジル人の前ではカサッシャがラムであるとは、口が裂けても言わないように。かなりの確率で機嫌を損ねることになるだろう。多くの歴史家が、カシャッサはラムより前に誕生したと考えている。

特徴

- ブラジルのみで生産
- 原料は「ガラパ」(garapa) と呼ばれるサトウキビの搾り汁
- アルコール度数を下げるための加水を行わず、目標の度数になるまで蒸留
- ボトリング後のアルコール度数は38〜54%
- ブラジル原産の樽材、アンブラナ、ジェキティバ、バルサモなどの樽で熟成させるタイプもある

どちらのほうが優れている？

トラディショナルラムよりもアグリコールラムを好む（またはその逆）人がいるのと同じように、全ては好みの問題である。ラムのほうがカシャッサよりも美味しいと言う人、あるいはそれに反論する人もいるだろう。客観的な判断は難しい。最善の方法は自分の舌で味わって、どちらが好みか判定することである。

カシャッサを初めて飲む方へ！

初めの1本に、安価なもの（良心的ではないバーで、カイピリーニャのベースに使われているタイプ）を選ぶべきではない！　上質な「カシャッサ・アルティサナウ」を選んで、その豊かな香りを楽しもう！

カイピリーニャ
Caïpirinha

ミキシンググラス
ロックグラス

材料
カシャッサ　50㎖
ライム　1/2個
砂糖　2tsp
クラッシュドアイス　適量

レシピ
ライム1/2個を四つ切りにして、
ミキシンググラスの底に入れる。ペストルで潰す。
クラッシュドアイス、カシャッサ、砂糖を加える。
バースプーンで15秒間かき混ぜて、ロックグラスに注ぐ。

リオブラボー
Rio Bravo

シェーカー
ロックグラス

材料
カシャッサ　50㎖
ライムジュース　20㎖
オルジェーシロップ　15㎖
ジンジャースライス　3枚
キューブアイス　適量
オレンジピール　1片

レシピ
シェーカーの底にジンジャースライスを入れてペストルで潰す。
ライムジュース、オルジェーシロップ、カシャッサを注ぐ。
キューブアイスを加えて、15秒間シェークする。
ロックグラスに注いで、オレンジピールを飾る。

豆知識：カシャッサは安酒？

カシャッサという名の語源の1つに、農民の方言で「安酒」を意味する「カイピラ」（caïpira）がある。その後、この語に「inha」という指小辞が付け加えられた。現代でも「安酒」タイプは存在するが、幸運なことに、上質なカシャッサを見つけることも可能だ！

複数の名を持つスピリッツ

ブラジルではカシャッサを示す別称がいくつも存在する。その多くはこのお酒がブラジルで禁じられた時代に、隠れて飲むために考え出されたものである。ブラジル人が「bafo-de-tigre（虎の息）をどうぞ」と言う時は、「カシャッサを1杯どうぞ」、という意味である。

クレラン（CLAIRIN）について

カシャッサに比べて生産量がぐっと少ないクレランは、その魅力を知ったバーテンダーの間で人気が高まり、バーシーンで今注目されているクラフトスピリッツである。

ハイチの地酒

クレランを見つけるには、ハイチにある500以上の小蒸留所の1つに赴かなければならない。

しかし、超近代的な施設を期待しないように。地面はむき出しで、トタン屋根がかろうじて雨除けになっている環境で、多くの工程が手作業で行われている。ハイチの島民はポリタンクを持って、クレランを買いにやって来る。

素朴な蒸留酒

ラム製造が年々近代化されているのに対し、クレランは昔から変わらない設備と製法で造られている。原料のサトウキビの品種はほとんどの場合交配種ではなく、野生種が自然に栽培され、手刈りで収穫されている。発酵は培養酵母を添加せず、自然に存在する微生物の力で行われる。蒸留は、木材を燃やして加熱したスチルで行われる。

大手メーカーのトレンドに乗らない、先祖伝来のプレーンなスタイル、繊細なフレーバーが評価され、世界のベストバーテンダーから支持されるスピリッツとなっている。

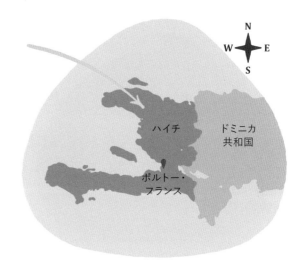

ハイチ
ドミニカ
共和国
ポルトー・
フランス

模造品に注意

残念ながら、供給が需要に追い付いていない。そのため、中性スピリッツを輸入してクレランと混ぜる、不誠実な蒸留所も出てきている。この行為で価格は下がるだろうが、クレラン本来の品質を著しく損なう。消費者に対する情報の質を向上し、本物のクラフトクレランを見分けやすくするために「Triple A」というラベルが誕生した。このラベルを取得するために満たすべき、栽培、収穫、製造の基準を設け、等級付けするための制度である。

豆知識：保護された農業

ハイチでは、サトウキビはバナナやマンゴーなどの他の作物と一緒に栽培されている。トラクターの使用も見られるが、畑のほとんどは牛が引く犁で耕されている。除草は手作業で行われている。そのため生産性は低く、1haあたりの収量は40t（ラムは70t!）である。ハイチのサトウキビ畑は病害が少なく、多様な生物が共存している。

クレランを味わうためのカクテル

アグリコールラムがティパンチで有名になったように、クレランもカクテルのベースとして名を知られるようになった。

代表的なカクテルはダイキリ（クレラン：50㎖、ライムジュース：15㎖、シュガーシロップ：10㎖。シェーカーを用いる）で、クレランの魅力を知りたい人におすすめのカクテルだ。

LA DÉGUSTATION

テイスティングノート

美味しいものを食べたり飲んだりして、この上ない喜びを一度も感じたことがないという人はいないだろう。その時の感動を探し求めているのに再び見出すことができず、がっかりすることも少なくない。テイスティングノートをつける目的は、まさにこの感動を逃さないように書き留めて、自分の好き嫌いを把握し、次のテイスティングに役立てることである。

初心者の場合

初めてのテイスティングは、遊び感覚で和気あいあいと楽しめたほうがよい。テイスティングノートはできるだけシンプルなものを用意する。
ラムから感じた印象を、美味しさを表現する明快な言葉で書き留める。プロのテイスターのような専門用語を用いる必要はなく、自分の言葉で率直に表現する。例えば、「甘すぎる」、「キャンディーのような香り」など。テイスティングノートの目的は後からコメントを読み返して、自分の味覚がどのように変化しているかを確認することである。

```
....... /....... /.......
```

蒸留所／メーカー／その他の識別情報：

....

銘柄：...

購入場所：.......................................

好ましい特徴：.................................

....

....

....

好ましくない特徴：...........................

....

....

....

採点：...... / 10

初心者向けの
テイスティングノート

初歩的なミス

♠ メーカー名しか書き留めない：各メーカーは複数の銘柄のラムを造っているため、メーカー名だけではどの銘柄を味わったか分からなくなる。
♠ すぐに書き留めず、後回しにする：時間が経つと記憶があやふやになる。また、次のラムを試飲すると、前に飲んだラムの印象をほとんど忘れてしまう。
♠ せかせかと急ぐ：テイスティングは時間との競争ではない。焦ると多くのことを見逃し、自分が得た印象を十分に描写できなくなる。
♠ 走り書きをする：数年経っても判読できる文字で記録する。

豆知識：何を書いていいか分からない！

落ち着いて。テイスティングノートを初めてみて、難しく感じるのは当然のことである。自転車のように、少し訓練が必要だが、その後得られる満足感を考えると、その価値はある！

よりオタクな方へ

紙派でない人には、テイスティングの評価を書き込めるアプリがある。そのメリットは失くすリスクがないという点だ。

上級者の場合

テイスティングに慣れてきたら、より本格的な評価に移り、ラムの奥深さを掘り下げ、自分の嗜好を分析する。

以下はシンプルでありながら、より細かい評価のできるテイスティングノートの一例だ。

.... / .... / ....

ラムの銘柄：...

....

蒸留所：...

....

生産国：...

熟成年数：...

蒸留法：...

....

価格：...

アルコール度数：...

購入場所：...

購入日：...

採点：...... / 10

原料：

☐ 搾り汁　　☐ 糖蜜　　☐ その他

色：

ホワイト　　ゴールド　　ハニー　　アンバー　　ダーク

フレーバー：

植物系

1　2　3　4

花系

1　2　3　4

果実系

1　2　3　4

樹木系

1　2　3　4

香辛料系

1　2　3　4

フェノール系

1　2　3　4

焦臭系

1　2　3　4

香り：

• 鼻先香：...

....

....

• 口中香：...

....

....

• 余韻：...

....

....

テイスティングノートの保管方法

きちんと分類して保管する。テイスティングを一度始めたら、すぐに10枚、100枚のノートができる。既に味わったことのある全てのラムが一目でわかるように、エクセル表にまとめるとよいだろう。分類の仕方はいろいろある。

産地別
生産国をエリア別に
分類する。

タイプ別
アグリコールラム、
トラディショナルラム
など

アルファベット順
蒸留所名など

年代順
ただし、
あまり便利ではない。

好きなもの順
「かなり好き」、
「少し好き」、「嫌い」
などの順に分類。
好き嫌いの傾向を
把握し、今後の
ラム選びに役立てる。

専門家の場合

以下のテイスティングノートは完璧を求める人も満足できるほど評価項目が充実している。

複雑な香りと味わいの印象を詳細に書き留めることができる。

.... / .... / ....

ラムの銘柄：...

....

蒸留所：...

生産国：...

熟成年数：...

蒸留法：...

....

価格：...

アルコール度数：...................................

購入場所：...

購入日：...

採点：...... / 10

原料：
☐ 搾り汁　　☐ 糖蜜　　☐ その他

色：

ホワイト　　　　　　　　　　　　　　ダーク

輝き：...

香り：

軽やか　　優しい　　複雑　　力強い

アロマ（鼻先香）：

植物系				花系			
1	2	3	4	1	2	3	4

果実系				樹木系			
1	2	3	4	1	2	3	4

香辛料系				フェノール系			
1	2	3	4	1	2	3	4

焦臭系				その他			
1	2	3	4	1	2	3	4

味わい：
テクスチャー：

☐ ドライ　☐ アルコール感が強い　☐ ねっとりしている　☐ オイリー

☐ 収斂性がある　☐ なめらか　☐ さらっとしている

余韻：

とても短い　短い　ほどほど　長い　とても長い

感覚：

☐ 心地よい　　☐ 乾いている　　☐ ピリピリする

フレーバー（口中香）：

植物系				花系			
1	2	3	4	1	2	3	4

果実系				樹木系			
1	2	3	4	1	2	3	4

香辛料系				フェノール系			
1	2	3	4	1	2	3	4

焦臭系				その他			
1	2	3	4	1	2	3	4

コメント：..

....

テイスティングを終えて

全てのラムを味わい終えて、グラスが空になった。だからといって、すぐにお開きという訳にはいかない。最後の仕上げとしてやるべきことがまだ残っている。そして、次のテイスティング会をより良い環境で行えるよう準備しよう。

最後に空になったグラスを嗅いでみる

忘れがちだが、グラスの底で乾いたラムからも様々な香りが感じられる。揮発せずに残ったアロマを逃してしまうのはもったいない。テイスティング後に、グラスの口を下に向けて持ち、香りを嗅ぐ。ラムの骨格を感じることができるだろう。

仲間と感想を述べ合う

いつまで語っても話が尽きることはない。テイスティング会は意見交換の場でもある。もちろん、自分の意見を通そうとする人とは距離を置いて、良い雰囲気のなかで感想を自由に述べ合える人のみを招待しよう。気に入ったラムとそうではないラム、その理由などを十分に語り合う。そして交換した意見を、次のテイスティング会に活かそう。

グラスの洗い方

洗剤の香りがグラスに残らないように、熱湯だけで洗ったほうがよいと言う人もいるが、時間が経つにつれて、油分や垢がグラスに付着していく。ベストな方法はごく少量の洗剤（合成香料をあまり使用していないタイプ）で手洗いし、きれいな水で隅々まですすぐことだ。そしてすぐに無臭の乾いた布でグラスを拭く。

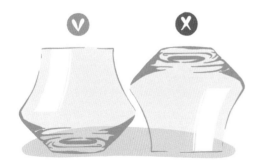

グラスの片づけ方

グラスの口を上にして収納棚にしまう。グラスを逆さにして置くと、棚の匂いがグラスの中にこもってしまう。段ボール箱は便利だが、独特な匂いがグラスに付いてしまう。その匂いを感じたら、グラスの内壁全体に少量のラムを回して濡らし、きれいな水で洗い流すとよい。匂いが消えるまで繰り返す。

ラムの残量を確認する

ボトルの中の残量を1本ずつ確認する。残量がボトルの1/3以上であれば、そのまま保管しても問題ない。それ以下の場合は空気との接触を抑えるために小さな容器に移し替えるか、他のボトルよりも先に飲んで早めに空にする。

水をたくさん飲む

テイスティング後に飲む水はラムの余韻を消してしまうため、味気なく感じるかもしれない。だが、頭痛などの二日酔いの症状を避けるためには水をたくさん飲んだほうがよい。

テイスティングノートを分類・保管する

後回しにしないで、すぐに整理しよう。特に心を奪われたラムがあれば、後で探しやすいように、ボトルの写真を撮っておくとよい。

楽しい会話で締めくくる

テイスティングの余韻にひたるために心置きなく会話を楽しむ。ラムの味わいだけでなく、ラムの生産国について語り合っても楽しいだろう。

タクシーを呼ぶ

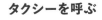

気力がまだ残っている人は、サトウキビ畑を思い浮かべながら歩いて帰るのもよいだろう。

二日酔いの予防と対処法

「人生を耐える唯一の手段は、果てしなき饗宴に酔いしれるように、文学に酔いしれることです」、という言葉をギュスターヴ・フローベールは残している。確かに何かに酔いしれることは人生において必要ではあるが、楽しかったテイスティングの翌日につらい思いをしないために、二日酔いの症状を予防し、対処する方法をいくつか伝授する。

二日酔いはなぜ起きるのか?

一種の中毒症状である。私たちの体はアルコールを代謝してアセトアルデヒドに分解する。その量が多すぎると、体が有害と察知した物質を全て外へ排出しようとする。二日酔いは頭痛、吐き気、めまい、疲労感などの症状として現れる。

アルコールの消化には肝臓の働きが不可欠であるが、1時間に排出できる最大量は約35㎖で、これはアルコール度数40%のラム25㎖に相当する。

症状はいつ現れる?

お酒を大量に摂取してから8〜16時間後に現れる。症状が最もひどくなるのは、血中のアルコール濃度が0に下がる時である。

テイスティング中：ラムを1杯飲むごとにコップ1杯の水を飲む。

アルコールを排出するためには多量の水が必要である。ベストは次のラムへ移る前にコップ1杯の水を飲むことである。

テイスティングが長時間に及ぶ場合は、水の量または水を飲む頻度を増やすとよい。

就寝前：1ℓの水を飲む

寝る前に1ℓも飲みたくないかもしれないが、間違いなく脱水症状を防ぎ、アルコールを排出するのに役立つ。

テイスティングの前：お腹を満たしておく

空腹は禁物。二日酔いの症状を防ぐために、繊維質、たんぱく質、脂質をバランスよく含んだ食べ物をほどよく食べておくこと。

豆知識：腹痛

よく見られる二日酔いの症状の1つ。常備薬または水に溶かした重炭酸ナトリウム（小さじ1杯）を飲むとよい。

二日酔い：ドイツでは「病気」

2019年9月、フランクフルト高等裁判所は「二日酔いは病気である」と判断した。これは「抗二日酔い飲料」を医薬品ではなくサプリメントとして販売していた会社に下した判決だった。このような判決が出ると、飲みすぎた翌日、会社を休むためにドクターストップを得ようとする、ずる賢い人も出てくるかもしれない……。

著名人の特効薬

ウィンストン・チャーチル　WINSTON CHURCHILL
「ヤマシギ肉と黒ビール1パイント」

ハリー王子　PRINCE HARRY
「イチゴミルクシェーク」

ジュリア・ロバーツ　JULIA ROBERTS
「シャンパンとニンジンジュース」

セルジュ・ゲンズブール　SERGE GAINSBOURG
「翌朝のブラッディ・マリー」

アーネスト・ヘミングウェイ　ERNEST HEMINGWAY
「シャンパングラスにアブサント1ジガーを入れる。冷たいシャンパーニュを乳白色の液体になるまで注ぐ。3〜5口ゆっくり飲む」

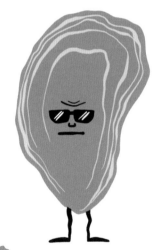

4

翌朝：
ビタミンと亜鉛を摂る

アルコールの排出で失われたビタミンを補給することが大切。ビタミン剤を飲む必要はなく、果物と野菜をしっかり食べる。また牡蠣が好きであれば、その中にたっぷり含まれる亜鉛が良く作用する。利尿作用のあるコーヒーは避けて、ハーブティーや水を飲むようにしよう。

5

迎え酒を試す
（ただし自己責任で！）

「二日酔いになりたくなければ、お酒を飲み続けるとよい」、ということわざがある……。翌日、友人と軽く食前酒を飲むというのも効果があるかもしれない……（諸説あるので注意しよう）。

6

その他

二日酔いはとても複雑な症状であり、科学者であってもその原因を完全に解明できていない。自分に効く変わった特効薬があれば、それをとことん試してみるのもよい（その場合、著者はいつも秘薬を探しているので、そのレシピをぜひ共有してほしい！）

テイスティング・クラブ

ラムの魅力を分かち合いたいのに、家族や友人がラムに興味がないということは多々あるだろう。このスピリッツに関する知識を深めて、愛好家同士で意見を交換したい場合はどうしたらよいか？ その場合は、ラムのテイスティング・クラブに参加するという解決法がある！

「対面式（オフライン）」のクラブ

加入する前に以下のポイントを確認する。
● 自分の嗜好に合ったラムを提供していること（一部のクラブはアグリコールラムを専門としている）
● 自分の知識のレベルに合っていること

なじみの専門店で、年に数回、ラムの試飲会を開催していることもある。厳密にいえばテイスティング・クラブではないかもしれないが、自分に合うスタイルか見極めるために、一度参加してみるとよい。物足りない場合は、近所にテイスティング・クラブがあるか、店長に聞いてみるとよい。もしかしたら、よいアドレスを知っているかもしれない。

「オンライン」のクラブもある！

昨今ではインターネット上でラム専門のクラブが開設され、ラムの評価を調べたり、メーカーの新商品を探したり、セラーマスターによるマスタークラスに参加したりすることもできる。しかし、そのデメリットはラムのフレーバーを参加者の間で共有することも、スクリーン中のグラスにラムを注ぐこともできないことである。

様々なアプローチ

オンライン・コミュニティーには数万人のラムファンが登録している。もう販売されていないボトルを探したり、自分が所持しているボトルを転売したりすることも可能だ。互いにラムのサンプルを交換し合うグループもある。ボトル1本を50mℓずつのサンプルに分け、登録者同士で交換し合う仕組みになっていて、ボトル買いする必要なく、複数のラムを少しずつ試飲するこ

とができる。さらに、特定のラムメーカーのファンが集まるFacebookグループも多々存在する。
例：メーカー：プランテーション（Plantation）
www.facebook.com/groups/10335569803455324

注意事項

● オンラインのコミュニティー、グループに参加する場合、謙虚な姿勢を保つ。
● スーパーマーケットで買った低級なラムの写真を投稿しない。
● 自分と同じ質問がすでに何度も投稿されていないか、検索エンジンで調べる（メンバーをイライラさせる恐れがある）。
● アグリコールラムを崇拝するグループが多いことを念頭に置いておく。他のスタイルのラムについて投稿すると、冷遇されることもあるので驚かないように。

ラム騎士団

2020年7月にフォロワーが4万人を超えたフランス語圏最大の
Facebookグループの1つ。大手の蒸留所とのコラボレーションで、
限定版のボトルが提案されている。しかし競争率が高く、あっと
いう間に完売してしまう……。
www.facebook.com/348582111921946

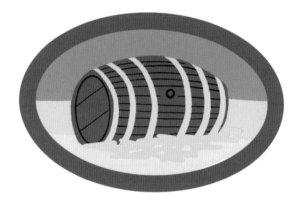

英語圏のラムファンへ

英語圏、さらにはスペイン語圏のラムファン向け
Facebookコミュニティーも多々存在する。
Ministry of Rum：
www.facebook.com/groups/MinistryOfRum

自宅で1人静かに味わいたい方へ

クラブという場は自分には向いていない、という人もいるだ
ろう。それでも貯金をあまり崩さずに、自宅で複数のラムを
試したい、という場合は、サンプルを提案しているウェブサ
イトを検索するとよいだろう。
www.excellencerhum.com

Rhum Club France
（ロムクラブ・フランス）

フランス語圏のラムファンのためのコミュニティ
ー。ホームページのフォーラムはあまり機能して
いないが、Facebookでは情報交換が盛んである。
www.rhumclubfrancophone.fr
www.facebook.com/gourps/rhumclubfrance

ルクセンブルクのラムファンへ

The Rum Cartel（ラム・カルテル）は、ルクセンブル
クの住民がラムについて意見交換できる場である。

おすすめのフェア＆フェスティバル

世界中のラムを味わう絶好の機会は、見本市に行くことである。
• **Rhum Fest Paris**（ラムフェスト・パリ）：ラムに限定したヨーロ
ッパ最大の見本市。開催地はヴァンセンヌの「パーク・フローラ
ル」。ラムファンであれば一度は足を運びたいイベントである！
• **Whisky Live Paris**（ウイスキー・ライブ・パリ）：ウイスキーの大
見本市だが、「ラム・ギャラリー」も設けており、年々拡大して
いる。
• **Bordeaux Rhum Festival**（ボルドー・ラム・フェスティバル）、
Lyon Pure Spirits（リヨン・ピュア・スピリッツ）、
Rhum Tasting（ラム・テイスティング）……：
フランスの地方でも見本市が増えていて、ラムの名品を探し求
めている地元のファンには朗報である。

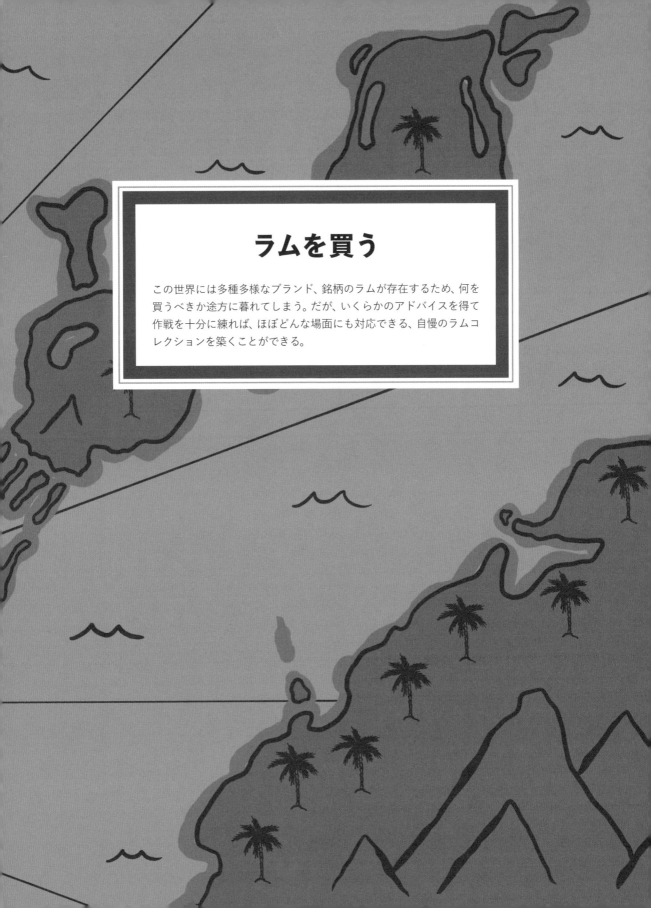

ラムを買う

この世界には多種多様なブランド、銘柄のラムが存在するため、何を買うべきか途方に暮れてしまう。だが、いくらかのアドバイスを得て作戦を十分に練れば、ほぼどんな場面にも対応できる、自慢のラムコレクションを築くことができる。

シーン別、ラムの選び方

いつ、どこで飲むかによって、選ぶべきラムのタイプも変わってくる。どれを買うべきか悩むという方のために、いくつか例を挙げてみる。

ディスコ、クラブ

じっくりと味わいたい上等なラムを選ぶ必要はない。ほぼ95%の確率で、コーラやジュースで割って飲むことになるため、アルコール度数とフレーバーが強めのラムを選ぶとよい。例えばスパイスド・ラムやイギリス系の重く力強いラムであれば、熱気ムンムンの空間でもラムの香りを感じることができるだろう。

カクテル

カクテルにするのだから、ラムの質にはそんなにこだわらなくても、という思い込みはNGだ。低級なものを選ぶと翌日、頭痛に悩まされることになるだろう。そのようなラムはバーベキューの肉をフランベする時に使うとよい。カクテルにする場合、モヒート（フランスで最も飲まれているカクテル）のように、キューバ産のホワイトラムが適していると思うかもしれないが、アグリコールラムもティパンチのベースとして今人気を集めている。一般的にスペイン系のラムがカクテルにとてもよく合う。

仕事の後の一杯

仕事の後は、お気に入りのラムを飲んで疲れを癒やしたい。アグリコールラムかインダストリアルラムか、という選択はここでは意味がない。自分の心に響くラムを選ぶのがよいが、日常的に楽しみたいため、手に入りにくいもの、あまりに高価なものは避けたほうがよい。

友人を驚かせたい時

珍しい逸品を発掘する才能を存分に発揮しよう！　例えば、パリで蒸留されたラム、ウイスキー樽で熟成したラムなどが効果的だろう。ダークラムの限定ボトルを買ってみてもよい。ただし、珍しいからといって必ずしも良質というわけではない。値が張るものも多い。

大嫌いな人と飲まざるを得ない時

選択肢は3つある。1つ目は、添加物（砂糖、着色料）いっぱいのラム。相手は数杯で糖尿病になるだろう（もちろん冗談だ）！　2つ目はエタノール臭が強烈な低価格のラム。3つ目はアルコール度数の高いカスクストレングス（65％以上）。このタイプは良質なものが多いが、アルコール度数をわざと知らせずにストレートで出してみる。相手の反応を見て笑いが止まらないこと間違いなし！

食後

ラムを食後酒として楽しむこともできる。力強いラムをストレートで飲む。上質な葉巻とともに味わってもよいだろう。キューバ産ダークラム、イギリス系のドライラムなどが葉巻と最高に合う。熟成させたアグリコールラムとの相性が良い葉巻もある。

バカンス気分にひたりたい時

ラムのボトルを開けて、白い砂浜で過ごし、蒸留所を巡ったバカンスの思い出にひたるのも悪くない。南の島々には気軽に見学ができて、良質なラムを入手できる蒸留所がいくつも存在する。旅行から戻って、遠い異国を思い出しながら乾杯するのもまた楽しい。

ラベルの読み方

ラムについてより多くの情報を得られるのは、ボトルのパッケージ全体からだと思っている
人がいるかもしれないが、ラムを買う時に注意して読まなければならないのはラベルである。

熟成年数

最も分かりにくい情報。しかもその表示
は義務ではない。熟成年数が長いことを
誇示しているボトルには用心したほうが
よい。EU規則はブレンディングに使用
した原酒のうち、最も若い原酒の熟成年
数を記載することを義務付けている。し
かし、EU規則が適用されない地域では、
少量しか含まれていない最も古い原酒の
熟成年数をカウントし、18年、23年、
30年……と表示しているメーカーも
ある。

分類、等級

熟成度を示す分類、等級を表示しているラ
ムもある。その意味を知っておくとラム選
びに役立つ。
「Dark Rum」：6カ月以上熟成
「Rhum élevé sous bois」：1年以上熟成
「VO」「Very Old」「Rhum vieux」
「Rhum tres vieux」：3年以上熟成
「Extra Vieux」「Hors d'âge」「XO」
　「Extra Old」「Grande réserve」：
　6年以上熟成

ラムの銘柄

RHUM

SIGNATURE

42 % vol.　70 cl.

MOUNT GAY
DISTILLERIES

ブランド・メーカー名

アルコール度数

内容量
センチリットル（cℓ）で表す

豆知識：生産国に注意

表示されている生産国は蒸留所のある国であることが多
く、同じ国で原料が生産されているとは限らない（AOC
マルティニークなどの一部のラムを除く）。

ラムのアルファベット表記が違う理由

生産地によってスペイン語、英語、フランス語で表記される。
「RON」（ロン）：スペイン系のラム
「RUM」（ラム）：イギリス系のラム
「RHUM」（ロム）：フランス系のラム

1 SMALL BATCH

2 SINGLE CASK

3 CASK STRENGTH

4 OVER PROOF

5 FULL PROOF

6 HIGH ESTER

7 FINISH

1 スモールバッチ SMALL BATCH

厳選された少数の樽の原酒（約10種）をブレンディングしたもの。変動の少ない一定した味わいのラムが得られるが、品質の安定だけでなく、早くボトルを売り切るための販売促進を目的として造られている。

2 シングルカスク SINGLE CASK

単一の樽の原酒のみをボトリングした数量限定のラム。多くの場合、樽番号が併記される。

3 カスクストレングス CASK STRENGTH

ボトリングの時に加水も濾過もしていないことを示す。

4 オーバープルーフ OVER PROOF

「Proof」は英語の古語で、アルコール度数が50％以上であることを示す。「Over proof」はアルコール度数50％以上のラムを示す。

5 フルプルーフ FULL PROOF

蒸留機から出たままの状態であることを示す。蒸留から瓶詰めまでの間に、何も（水、砂糖、香味料……）添加されていないラム。

6 ハイエステル HIGH ESTER

長い発酵時間と蒸留残液の添加により特に濃厚な香味特性を持つことを示す。この表示はジャマイカ産だけでなく、レユニオン産、マルティニーク産のラムにも使用されている。

7 フィニッシュ FINISH

熟成の仕上げに香味をより豊かにする目的で、他のアルコール（ウイスキー、コニャックなど）を仕込んだ後の別樽で後熟を行ったことを示す。

ラムを買う場所

いろいろな種類のラムが広く流通しているので、買うこと自体は難しくない。
あとは品質と価格のバランスが良いボトルを探すだけだ。

スーパーマーケットで購入できる銘柄（例）

BACARDÍ
SUPERIOR

バカルディ
スペリオール

SAINT JAMES
IMPERIAL
BLANC

セント・
ジェームス
インペリアルブラン

Appleton Estate
Signature Blend

アプルトン エステート
シグニチャー
ブレンド

HSE Saint-
Etienne Rhum
vieux Black Sheriff

HSE サンテ
ティエンヌ ラム・ビュー
ブラックシェリフ

スーパーマーケット

ラムの消費が確実に増えていること（売上を増やすチャンスであること）をよく理解している。極上の品を見つけることは難しいが、コストパフォーマンスの良い大手メーカーのラムを買うことができる。こうしたラムはティパンチやモヒートのベースとしても活躍する。

インターネット

昨今では日用品からオーダーメイドのキッチン、自動車などまで、インターネットで買えないものはほぼない。ラムも然り。自分好みのスタイルも希少な限定品も見つけることができる。椅子に座ったまま、様々なラムの特徴と価格をスクリーン上で比較して、ゆっくり選ぶことができる。購入額が一定の金額を超えると、無料で配送してくれるサイトもある。

おすすめのオンラインショップ

www.christiandemontaguere.com
パリの有名店が運営するウェブサイト。PCやスマホがあれば、誰でもそのコレクションにアクセスできる。

www.excellencerhum.com
1人の愛好家が立ち上げたウェブサイトで、有名な銘柄から珍しい品まで、2,700品のラムを提供している。フルボトルを買う前にサンプルを注文することも可能。

www.lacompagniedurhum.com
2008年に開設されたラムのオンラインショップ。希少な名品を含む豊富なラインナップが自慢。

www.rhumattitude.com
サプライズが好きな人には、フルボトルだけでなく、月替わりのお試しセットを提案しているウェブサイトがおすすめだ。毎月、4種のラム（50㎖）を配送してくれる。

専門店

オンラインショップが増えているとしても、専門店に通う楽しみはまた格別である。美しいボトルが並ぶ店内はまるで宝でいっぱいの洞窟のようで、情熱と知識のある案内人が私たちを導いてくれる。自分の嗜好や要望を伝えれば、それに見合った上質なラムを提案してくれる。

入門者にはハードルが高そうで入りづらいかもしれないが、思い切って扉を押してみよう。エキスパートと直接話すことで、スピリッツに対する知識を深めていったという愛好家も多いからだ。

良い専門店の見分け方とは？

優良店とごく普通の店を一目で見分けるのは難しい。応対してくれる店主や店員が、優れたエキスパートかどうかをチェックするためのポイントをいくつか紹介しよう。

1 自宅用でも贈り物でも、飲む人の味の好みや飲み方をまず先に尋ねる。

2 予算を聞いて、その範囲内のラムをいくつか提案する。

3 試飲用のボトルをいくつか用意している。客の感想を聞いて、好みかどうか尋ねる。

4 客に提案する商品を熟知している。ブランドや蒸留所にまつわるエピソードを熱心に語る。

5 店内でイベントやワークショップを定期的に開催している。

豆知識：メダルに注意

様々な品評会で受賞したメダルをボトルに表示しているメーカーもあるが、実際には、品質がそのレベルに達していないことも多い。

ホームバーのつくり方

自分の好みと予算に合わせて、とっておきのホームバーをつくってみよう。買ってしまった後でがっかりしないように、専門店やバーでまず味を見てからセレクトすることをおすすめする。

スタイルの異なるラムを各種揃えたい場合

他のスピリッツと同様、ラムにおいても一通りのスタイルを揃えておきたい愛好家がいる。その場合、それぞれのスタイルを代表するボトルを1本ずつセレクトする。

可能であれば、サンプルを各種揃えておくのもよい。以下はその一例である。

un rhum agricole blanc	un rhum agricole vieilli	un rhum de style hispanique	un rhum jamaïcain	un spiced rum	un rhum atypique (France, Japon, Italie…)
ホワイト アグリコールラム	ダーク アグリコールラム	スペイン系ラム	ジャマイカンラム	スパイスド・ラム	珍しいラム（フランス、日本、イタリア）

スーパーマーケットで選ぶ場合

役立つアドバイス、特別なセレクションは期待できないが、クレープをフランベするのに使えるレベル以上の良

質なボトルも見つかる。いくつか例を挙げてみる。

—— EN RHUM AGRICOLE ——
アグリコールラム

—— EN RHUM INDUSTRIEL ——
インダストリアルラム

Saint James Imperial Blanc	Trois-Rivières Blanc	Havana Club 3 et 7 ans	Appleton Estate Signature Blend	Plantation Isle of Fiji	BACARDÍ AÑEJO CUATRO	Barceló Imperial
セント・ジェームス インペリアルブラン	トロワ=リヴィエール ブラン	ハバナクラブ 3～7年熟成	アプルトン エステート シグニチャーブレンド	プランテーション アイル・オブ・フィジー	バカルディ アネホ・クアトロ	ロン・バルセロ インペリアル

専門店で選ぶ場合

数百もの名品、極上品が揃っているため、厳選するのはなかなか難しいだろう。充実したコレクションにするた めには、それなりの予算を見込んでおいたほうがよい。以下はほんの一例である。

Depaz Grand Réserve XO
デパズ
グラン・レゼルブ XO

Rhum Clément Canne Bleue
ロム クレマン
カンヌブルー

La Perle A1710
ラ・ペルル
A1710

Foursquare 2004
フォースクエア
2004

Mount Gay XO
マウントゲイ XO

Appleton Estate Rare Blend 12
アプルトンエステート
レアブレンド 12

Plantation Vintage Jamaica 2003
プランテーション ヴィンテージ
ジャマイカ 2003

La Favorite millésime 2011
ラ・ファヴォリット
ミレジム 2011

ラムの保存方法

飲んでみたいラムを見つけたら、ベストコンディションで保存する必要がある。いくつかの条件を守って保管すると、ラムをより美味しく味わうことができる。

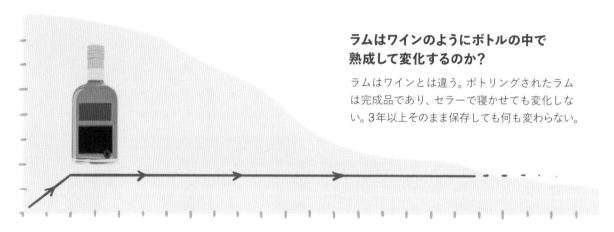

ラムはワインのようにボトルの中で熟成して変化するのか？

ラムはワインとは違う。ボトリングされたラムは完成品であり、セラーで寝かせても変化しない。3年以上そのまま保存しても何も変わらない。

横ではなく縦置き！

開栓前でも後でも、ボトルは必ず縦置きで保管する。横置きにすると、ラムが栓（主にコルク栓の場合）と接触する。これは絶対に避けるべきだ（P.127「ラムボトルはいつも縦置き！」参照）。

コルク栓の場合、時々湿らせる

コルク栓の状態をチェックする。乾燥していると気密性が弱まり、ひび割れてしまうリスクがある。時々、ボトルを逆さにして、コルク栓をラムで湿らせるとよい。劣化している場合は、空いたボトルなどの劣化していないコルク栓と交換したほうがよい。コルクの屑がラムに入ることほど不快なことはない。

光は禁物

できるだけ暗所で保管する。筒型または箱型のケース付きで売られているラムがあるが、その目的はボトルを衝撃だけでなく光からも守ることである。ケースがない場合は収納棚などに入れておく。光は色だけでなく風味も劣化させてしまう。

温度に注意

セラーまでは必要ないが、開栓前でも後でも、20℃前後の場所で保管することが望ましい。

開栓後の保存方法

「開栓したから早く飲み切らないと」、という言い訳ができなくなってしまうのは申し訳ないが、開栓後も適切に保管すれば、数年〜数十年間、問題なく保存できる。ボトルの中のラムの残量に気を付けるだけでよい。残量がかなり少ない場合は、空気に触れて酸化するリスクがあるので、以下の対策を取る。

● ビー玉をボトルに入れる。
● 小さなガラス容器に移し替える（容器にラベルを貼るのを忘れないように！）

栓の役割

栓はラムの品質を守るために欠かせない。そこには驚きの秘密が隠されている!

コルクとは?

コルクは、地中海沿岸に生育するコルク樫の樹皮である。再生可能な100%天然素材で、軽くて丈夫という特徴がある。断熱、耐水効果が高く、弾力性と圧縮性に富む。機能性に優れているため、ラムボトルの栓の素材として昔から広く使用されている。

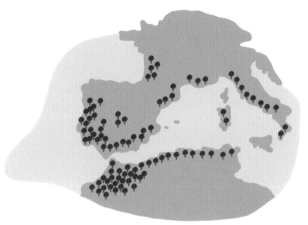

コルク栓の製造法

 樹皮の採取
コルク樫の表面を覆う
樹皮を剥ぎ取る。
樹皮は再生するので
9年ごとにこの作業を行う。

 乾燥
剥ぎ取った樹皮を
積み重ね、
1年間自然乾燥させる。

 輸送
コルク栓製造業者に
樹皮を供給する。

 煮沸消毒
樹皮を煮沸して
消毒する。

 打ち抜き
樹皮を円筒状に
打ち抜いて
栓を作る。

天然と合成

現在も天然のコルク栓が大部分を占めるが、ほぼ無臭、無着色の合成素材による栓も増えてきている。ただし、リサイクルできないというデメリットがある。

スクリューキャップ vs コルク栓

スクリューキャップを用いたラムボトルも多い。コルク栓よりもはるかに新しく、1960年代に発明された。コルク栓を開ける時の「ポン」という心地よい音は出ないとしても、スクリューキャップは、外的要因からラムを守るという、栓としての機能を十分に果たす。コルク栓の付いたボトルを見ると、伝統のある高級品という印象を持つであろうが、それは先入観にすぎない。

コルク臭のするラム?

ワインボトルの約5%にコルク臭の欠陥があるとしても、ラムの場合、その確率はもっと低い。それでも、コルク臭のするラムに当たってしまう可能性は0ではない。その特徴は鼻と口の中で感知できる。腐ったハーゼルナッツと湿った段ボール紙の匂いが混ざり合ったような異臭である。また、コルクにカビが生えていることもある。

割れたコルク栓は?

コルク材は時とともに変化する素材である。そのため、何年も寝かせたボトルのコルク栓を抜くのはなかなか難しい。慎重に抜かないと、コルクが2つに割れてしまう。もし割れてしまった場合には、次のソリューションがある。まず、きれいに洗って乾燥させたラムの空瓶を用意する。ラムに浮かんだコルクの粉を取り除くために、ざるなどで濾しながら、ラムを空瓶に移す。瓶口にコルク栓の欠片が残っていれば、栓抜きを使って取り除く。

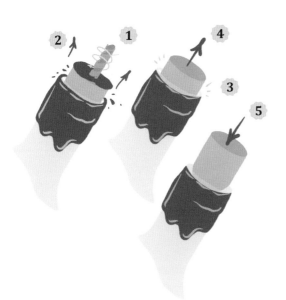

コルクが割れてしまったら?

割れたコルクの屑をボトルの中から取り除いて、代わりの栓で塞ぐ必要がある。

ワインボトルの栓で代替　　空になったラムボトルの栓で代替

最悪の場合、小さな虫がボトルの中に入らないように、
応急処置としてセロファン紙と輪ゴムで栓をする。

蜜蠟をまとったラムボトル

栓の部分が蜜蠟でおおわれたラムボトルに出合うこともあるだろう。どうやって開けたらいいか悩む人もいるだろうが、心配しないで。ここできれいに開けるコツを伝授する。

1. ワインオープナーを蜜蠟ごとコルク栓に突き刺す。

2. 栓を半分ほど引き抜く。

3. 蠟をナイフで削り取る(この作業を省くと、ラムに蠟の屑がたくさん浮かぶことになるので要注意)。

4. 栓を完全に引き抜く。

5. 栓はボトルを塞ぐために必要なので取っておく。

ラムボトルはいつも縦置き!

横に寝かすべきなのはワインだけだ。ラムを含むスピリッツの場合、必ず縦置きで保管すること。ラムはアルコール度数が高い(40～75.5%)ので、コルク栓がその刺激で劣化しやすい。コルクの成分がラムに移り、フレーバーが変わってしまうリスクがある!

マーケティング戦略

ラムが伝統製法で造られる上級品であることは間違いない。ただし、美辞麗句には注意しよう。ギリシャ神話のオデュッセウスがセイレーンの美声に惑わされなかったように、まやかしの宣伝文句に騙されない方法を知っておこう。

美しすぎる物語に注意

ストーリーテリングという技がある。商品にまつわる事実をもとに、消費者を魅了する物語を練り上げて伝える手法だ。ただし、物語が素晴らしいからといって、ラムもそうであるとは限らない。

賛辞を並べたパッケージ

「プレミアム」、「極上」、「希少」などの賛辞を誇らしげに掲げたパッケージで販売しているメーカーも少なくない。ただし、その賛辞に値するのはパッケージだけで、中身のラムはそのレベルに達していないものもある……。

全てを語らないラベル

何となく美しい、ベールに包まれた表現が用いられることも多い。ブレンディングに使用した最も古い原酒の熟成年数は明記されていても、配合されている添加物（砂糖、グリセロール、バニラの人工香料、カラメル色素など）は一切表示されていない商品もある。「秘伝の製法」という何となく響きのよい説明のみで、全ての情報が得られるわけではない。

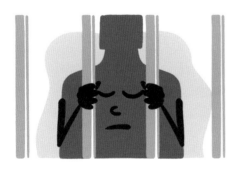

ラムもどき

ラムではないお酒がラムとして売られることもあるが、幸運なことにあまり見かけない。
サトウキビが原料ではない、ラムのような香り付けをした中性スピリッツのことを指す。

有名な産地

有名な産地で熟成が行われた特別なラム、というラベルを見かけることがあるが、実際には製造と熟成は他の国で行われ、ボトリングだけ、その有名な産地で行われた商品もある。メーカーは消費者にとって魅力的な産地をアピールしようとする。

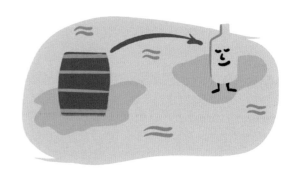

セレブリティのお墨付き

他のスピリッツほどではないが、有名人を宣伝広告に起用するラムメーカーもある。スターやスポーツ選手、政治家などに愛されているラム、という情報にあまり惑わされないように。自分の舌で味わって、美味しいと思うものを選ぼう！

豪華なケース

メーカーはあれこれと趣向を凝らして高級感のあるケースを考案し、ラムがラグジュアリーなスピリッツであることを演出することに力を入れている。ただ、ラムが歴史的に、抑圧された人たちの血と汗と涙から生まれた飲み物であることを考えると、心が痛む。

受賞メダル

他の商品よりも優れていると思わせるために、品評会で受賞したメダルをアピールすることも多い。もちろん、価値のあるメダルはいくつか存在するが、そのラムがあなたの嗜好や期待に応えるものであるとは限らない。

豆知識：フランスのエヴァン法とは？

1991年に制定されたエヴァン法は、アルコールとタバコの依存症防止のために、その宣伝広告を制限することを目的とした法律である。具体的に以下を禁止している。
• 若年層向けの出版物での宣伝広告。水曜日終日、および他の曜日の17時〜深夜のラジオCM

• テレビ、映画館でのCM
• アルコール飲料のメリットを提示、象徴、誇示する印刷物またはグッズの未成年への配布
• スポーツ関連施設でのアルコール飲料の販売、提供、持ち込み

価格（フランスの場合）

ラムの価格も需要と供給の法則に左右される。手頃な価格で良質なラムを見つけることは可能だ。ただし、全体的に上昇傾向にある。

3.30 €
税抜き価格

6.96 €
酒類消費税
（純アルコール量1hℓあたり1,758.45€）

2.24 €
社会保障費
（アルコール度数18%以上の蒸留酒にかかる税：
純アルコール量1hℓあたり1,758.45€）

2.50 €
消費税
（税抜き価格と他の税金を足した販売価格の20%）

税金総額：11.70€

販売価格15€、アルコール度数40%の
蒸留酒（ウイスキー、ラム、リキュール）に
かかる税金の内訳

上昇する価格

ラムの価格が急騰した要因は2つある。1つはラム人気が高まり、2013年以降、消費量が増え続けている（1年に平均6.3%）こと、もう1つは2018年に公布された仏食品法で、スーパーマーケットで販売されるラムの価格が値上がりした（平均8.6%）ことである。

フランス海外県の場合

価格の上昇は海外県の生産者にとっても頭が痛い問題だ。近年までは減税の恩恵を受けていたが、2020～2025年の間に、毎年1ℓあたり1€値上げせざるを得なくなった。これはフランス本土の価格に合わせることで、海外県住民のアルコール消費量を減らす対策の影響である。

ボトル1本の価格の内訳

15€のボトルを買ったら、その全額が生産者の懐に入ると思っていないだろうか？
否。そのほとんどは税金で、以下の3種類に分けられる。

◗ 酒類消費税：純アルコールの販売量に基づいて計算される。
◗ サトウキビ栽培もラム製造も海外県で行われ、純アルコール量1hℓあたりの揮発性物質の含有量が225gまたはそれ以上で、アルコール度数が40%以上のラム：純アルコール量1hℓあたり879.72€
それ以外のラム（2020年度）：1,785.40€
◗ 社会保障費：純アルコール量1hℓあたり573.64€
◗ 消費税：販売価格の20%
最終的に販売者、卸売業者、生産者の手元に残るのはわずか約3€である。

ラムに投資？

他のお酒と同じように、年代物、希少品ほど価値が高くなる。ワインやウイスキーほどではないとしても、ラム投資も注目されている。数年前は50€だったボトルが、4倍の200€で取引されることも決して珍しくない！ラム愛好家は希少なボトルがどんどん高くなることに腹を立てるかもしれないが、貯金の一部を崩してでも投資にトライする価値はあるだろう。

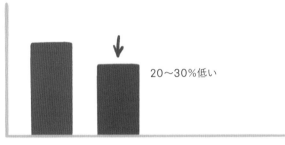

ボトル1本の価格

20〜30%低い

ウイスキー　ラム

お手頃な良品は存在する？

ラムはウイスキーなどの他のブラウンスピリッツよりもリーズナブルだ（20〜30%安）。
スーパーマーケットで25€以下、専門店で50€以下の良質なラムを見つけることは可能である！

ラムの転売方法

自宅に眠っている特別なボトルを転売して利益を得たい？その場合は、CatawikiやThe Whisky Exchangeなどのオークションサイトを利用するとよい。後者はウイスキーだけでなくラムも扱っている。
中古自動車などのように価格表が存在すればよいのだが、残念ながらラムには存在しない。自分が持っているラムボトルの価値を知るためには、オークションサイトやフォーラムで、同等のボトルがいくらで売り買いされているかを調べるしかない。ラム愛好家が集まるFacebookグループを覗いてみるのもよい。

🅖 豆知識：貯金を使ってでも奮発してみたい？

世界で最も高価なボトルの1つを手に入れるためには、それなりの覚悟が必要だ。例えば、「トゥールネール宝石店」(Joaillerie Tournaire)が手掛けたラム クレマンのボトルの価格は100,000€である。これだけの投資をすれば、一度も世に出たことのない1966年ものの極上のラムだけでなく、金とダイヤモンド入りの栓を冠した、バカラのクリスタルガラスボトルを自分のものにすることができる。ただし残念なことに、もう買い手がついている。

食材と合わせる

ワインのように合わせやすくはないとしても、ラムも料理を引き立てる良きパートナーとなり得る。友人たちがあっと驚くような、斬新で美味しいペアリングを提案することだって可能だ。ただ、組み合わせ方を間違えると、料理もラムも台無しになってしまうので気を付けよう。

ペアリング

ラムはデザートに合わせる傾向にあるが、少しの発想力と創作力で、フルコース料理に合わせることも間違いなく可能である。

ラムと食材の組み合わせ方

スピリッツ（ラム）はワインよりも香味の幅が広いお酒であり、他の要素に反応しやすい。

例えば、水分の多い食材と合わせると、ラムのアルコール度数と香味が変化する。ラムと食材の絶妙な調和を得る方法はいくつかある。

 補完：
互いの風味を引き立てあうラムと食材を組み合わせる。

 対照：
力強い風味の食材に、優しくまろやかなラムを合わせる。

 同調：
食材に含まれる風味と同じ風味を持つラムを合わせる。

料理が先？　ラムが先？

ルールはなく、どちらでも好きな方から味わってよい。それでも、食事の時は、料理を一口食べてからラムを一口、という流れが自然だろう。食材の脂肪分が口の中に広が

ると、ラムの風味が引き立ち、アルコールの刺激が和らいで感じられる。

シェフの技

ラムをソースに加えたり、フランベに使ったりして、その風味を料理に移す。その料理をラムと合わせることで、より自然な調和が得られる。

お酒を飲むと食欲が湧くのはなぜ？

アルコールの食欲増進効果は昔からよく知られている。その効果は特に20世紀初頭、食前酒を売り出すための宣伝広告で大いに謳われてきた。フランス語で食前酒を示す「apéritif」(アペリティフ) の語源はラテン語で「開く」という意味の「aperire」である。その効果の理由は2015年に「Health Psychology」という専門誌で科学的に解明された。アルコールを摂取すると自制心と抑制力が弱まるから、というごく単純な理由である。

定番のペアリング：チョコレートとラム

オリジナリティーのある組み合わせではないが、その効果は完璧である。怪しげなラム入りのチョコレートボンボンのことを言っているのではない。ラム1杯に上質なチョコレートを添えていただく。チョコレートはスピリッツ全般 (コニャック、ウイスキーなど) に良く合うが、とりわけ相乗効果が高く、奥深いハーモニーを得られるのは、間違いなくラムであろう。
まずは熟成したラムとダークチョコレートの組み合わせを試してみる。それから様々な種類のチョコレート (プラリネ、ピスタチオ、ヘーゼルナッツ、ミントなどが入ったもの) と、様々なタイプのラムを合わせて楽しむ。さらに追求したい場合は、ジャマイカ産のラムとチョコレートを試してみる。

材料
- ダークチョコレート：150g
- 水：1ℓ
- ゴールドラム：100㎖
- 砂糖：50g

作り方
鍋に水とダークチョコレートを入れて弱火で温める。
チョコレートが溶けたら、ゴールドラムと砂糖を加えて軽く煮立たせる。
力強くかき混ぜながら、3分間加熱する。冷蔵庫でよく冷やしてからいただく。

豆知識：食中毒の予防薬！

2002年に「Epidemiology」誌に掲載された研究論文によると、適量のワイン、ビール、スピリッツを飲みながら食事をすると、サルモネラ菌に感染するリスクが低くなることが実証された。知っておいて損はない情報だ。

ラムに合わせる料理

アイデアが湧かないとしても心配しないで。ここでおすすめのペアリングを少し紹介しよう。
あなたの舌だけでなく、招待客の舌も新たな発見に驚くことだろう!

アペリティフ (食前酒とおつまみ)	前菜	メイン料理	チーズ	デザート
ティパンチ+ タラのフリッター アグリコールラム+ コンテチーズ アグリコールラム+ ロックフォール チーズのカナッペ	オールドラム+ フォアグラ ホワイトラム+ 生牡蠣 ジャマイカンラム+ マグロのタルタル	アグリコールラム(ダーク)+ 海老のグリル、オマール 海老、伊勢海老、ホタテ ジャマイカンラム (ホワイト)+ 鶏胸肉のソテー、 オレンジソース アグリコールラム (ホワイト)+ 鮨	スペイン系ラム(ダーク)+ ミモレット、ゴーダ アグリコールラム(ダーク)+ カマンベール アグリコールラム(ホワイト)+ パルミジャーノ インダストリアルラム (ダーク)+ 羊乳のトム	ジャマイカンラム+ クレームブリュレ・ ショコラ スペイン系ラム (ダーク)+ コーヒーティラミス アグリコールラム (オールド)+ パイナップルの フラン

ラム界の偉大な人物
IAN BURRELL
イアン・バレル

バレル・ダイキリ

グローバル・ラムアンバサダー

ミュージシャン、プロのバスケットボール選手など、複数の経歴を持つが、現在は世界的なラムアンバサダーとして活躍している。世界各地で開かれるマスタークラスやセミナーに参加し、ラムの普及に貢献している。2014年、「世界最大のラムテイスティング・イベント」を開催したことで、ギネス世界記録を更新した。イアンのラムとカクテルに対する情熱は尽きることがない。2007年、世界初の国際ラムフェスティバル（The UK RumFest）を創設しただけでなく、マイアミ、ベルリン、パリ、ローマ、

マドリッド、プラハ、香港、ニューヨーク、シカゴ、モーリシャス、カリフォルニアなど、世界中のラムフェスティバルの開設を駆り立てた立役者でもある。さらに、様々な企業や団体から「トレーナー」として招かれ、ラムの楽しさを分かち合う目的でセミナーやテイスティング会、イベントなどを開いている。イギリスのテレビ番組、「Sunday Brunch」にもスペシャリストとして出演し、著名人にラムとラムカクテルの魅力を紹介している。2019年、アメリカのマイアミで自身初のラムフェスティバ

ル、「Miami Rum Congress」を開催した。

オリジナルカクテル：バレル・ダイキリ
〈用意するもの〉
シェーカー
クープグラス
〈材料〉
やや熟成したラム：60㎖
ライムジュース：25㎖
100%ブルーアガベシロップ：10㎖
アンゴスチュラ・オレンジビターズ：3dash
仕上げにオレンジピールを軽くツイストして、表面のオイルをカクテルに振りかける。

ラムを使った伝統料理＆デザート

星付きレストランのシェフを気取ってみたい？ それならば白いエプロンを用意して、ラムの風味豊かな料理やデザートを作ってみよう！ 気分を盛り上げるために、ラムをちびちび飲みながら調理するのも悪くない！

海老のフランベ

材料
ゴールドラム：50㎖

海老：12尾

マリネ液
ライムの搾り汁：1/2個分

エシャロット（みじん切り）：2個

ニンニク（つぶす）：2個

オリーブオイル：適量

塩、胡椒：適量

作り方
1. マリネ液を作る。ボウルにオリーブオイル、ライムの搾り汁、ラムを入れる。塩、胡椒をして、ニンニクとエシャロットを加える。
2. 海老の背わたを取って殻をむき、1のマリネ液に漬けて20分おく。
3. フライパンにオリーブオイルを入れて熱する。
4. オリーブオイルが音を立て始めたらエビを加えて、弱火で焼く。
5. 海老に火が通ったら、1のマリネ液を加えてフランベする。

鶏肉のココナッツミルク煮、ラム風味

材料
鶏肉もも肉（またはむね肉）：6枚

片栗粉：大さじ2杯

ココナッツミルク：500㎖

マリネ液
ダークラム：100㎖

醤油：50㎖

ライムの搾り汁：2個分

新玉ねぎ（またはポロネギの白い部分）：2～3個

唐辛子：3個

生姜：1片

作り方
1. マリネ液を作る。鍋にラムを入れて火で温め、1分ほどフランベする。粗熱を取り（時間がない時は鍋を冷水の入ったボウルに漬ける）、醤油とライムの搾り汁を加える。
2. 玉ねぎはスライスする。ライムの皮をそぎ取る。生姜を小さな角切りにする。唐辛子を割いて、種を取り除く（辛い味が好みであれば種を残しておく）。全てをマリネ液に加えて混ぜ合わせる。
3. 鶏肉に切込みを入れて、マリネ液とともにジップロックなどの袋に入れ、空気を抜いてからよくもみ込む。冷蔵庫に入れて約1時間寝かせる。
4. 冷蔵庫から取り出して、鶏肉についた水分を拭き取る。マリネ液をざるで濾し、玉ねぎを取り出す。鶏肉はココット鍋に入れる。
5. 鶏肉の入ったココット鍋に少量の油と4の玉ねぎを入れ、片栗粉を混ぜたマリネ液を注ぐ。ココナッツミルクも加えて、鶏肉が柔らかくなるまで煮る。
※香ばしさをプラスするなら、マリネした鶏肉をグリルした後でココット鍋に入れ、4で濾したマリネ液とココナッツミルクを加えて25～30分間煮る。

パイナップルのフランベ

材料
よく熟れたパイナップル：1個
ラム：100㎖
バター：20g
オレンジの搾り汁：1/2個分
レモンの搾り汁：1/2個分
シナモンパウダー：小さじ1杯
ジンジャーパウダー：小さじ1杯
砂糖：大さじ1杯

作り方
1. パイナップルの皮を剥き、芯を取り除く。幅1cmにスライスする。
2. 小さなボウルにオレンジとレモンの搾り汁とシナモンパウダー、ジンジャーパウダーを入れて、よく混ぜ合わせる。
3. 2をパイナップルに回しかけて、数分間マリネする。
4. 鍋にバターを入れて中火で溶かし、3をマリネ液ごとを入れる。砂糖を加えてカラメル状になるまで加熱する。
5. 4にラムを注ぎ、フランベする。炎が高くまで上がるので、鍋に近づきすぎないように気を付ける。
6. 1分間加熱した後、あればミントの葉を添えて温かいうちにサーブする。

星付きシェフのババ・オ・ラム

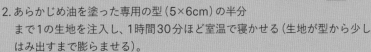

材料
ババ生地
イースト菌：6g
強力粉：130g
塩：1g
蜂蜜：6g
バター：45g
卵：3個
グレープシードオイル：適量

シロップ
水：1ℓ
砂糖：450g
レモンの皮：1個分
オレンジの皮：1個分
バニラビーンズ：1本分
ラム：適量

作り方
1. ババ生地を作る。ホームベーカリーでイースト菌と強力粉を混ぜ合わせる。塩、蜂蜜、バター、卵1個を加えて、なめらかでつやのある、もっちりした生地になるまでこねる。生地がボウルの側面に引っ付かなくったら、残りの卵2個を加えてよくこねる。
2. あらかじめ油を塗った専用の型（5×6cm）の半分まで1の生地を注入し、1時間30分ほど室温で寝かせる（生地が型から少しはみ出すまで膨らませる）。
3. 生地を寝かせている間にシロップを作る。鍋に全ての材料を入れて煮立たせ、粗熱を取る。
4. 190℃に予熱したオーブンに生地を入れて15分間ほど焼く（型のサイズによって焼き時間は異なる）。焼きムラを防ぐために、途中で型の前後を入れ換える。焼き上がったらすぐに型から取り出し、網の上で冷ます。
5. 粗熱が取れたら、温かいシロップにババ生地をそっと浸す。シロップが生地に十分染み込んだら、再び網にのせて余分なシロップを落とす。
6. 深皿にババ生地を盛って半分に切り、好みの量のラムを注ぎかける（ラムのボトルはテーブルに置いておく）。ホイップクリームを添えてもよい。

バー＆カクテル

ラムの飲み方については、ストレート派もいれば、断然カクテル派もいる。ラムはカクテル文化になくてはならないスピリッツであり、世界的な人気を誇るカクテルで、不動の地位を築いた。

バーでラムを選ぶ

バーにふらりと立ち寄り、上質なラムやラムベースのカクテルを1杯飲みたい気分になることもあるだろう。

どんな雰囲気がお好み？

いろいろなスタイルのバーがある。ラム本来の風味を味わうことを重視した、ミニマルな空間に徹した店もあれば、ラムにフルーツやスパイスを漬けたラム・アランジェを各種揃えた店もある。さらには、流行りのカクテルを飲みながら夜通し踊り続けられる、パーティー感満載のバーもある。自分の好みや気分に合うバーを選ぼう！ここでフランス・パリでおすすめのバー3軒を紹介しよう。

BAR 1802（バー1802）
世界各地から集めたラムの種類はなんと約1000種以上！ この店ではラム・ソムリエが特別なラムをセレクトしてくれる。うれしいことに、ラムベースのカクテルも充実している。
住所：20, rue Pascal, Paris 75005
（パリ5区パスカル通り22番地）

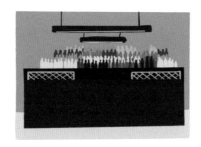

MABEL（マベル）
「カクテルの隠れ家＆ラムの帝国」(Cocktail Den & Rum Empire) というサブネーム通りの店。ラムのセレクションが素晴らしく、フランスのベストバーテンダーの1人が提案するカクテルリストも魅力的だ。テーマ別のテイスティングメニューもあり、厳選されたラム3種を味わえる。
住所：58, rue d'Aboukir, Paris 75002
（パリ2区アブキール通り58番地）

MARIA LOCA（マリア・ロカ）
カクテルが人気の店！ パリ初の「カシャッサバー」でもあり、いろいろなカシャッサを味わえる。
住所：31, bd Henri-IV, Paris 75004
（パリ4区アンリ＝キャトル大通り31番地）

世界の行ってみたいバー：BABA AU RHUM（ババ・オ・ラム）（ギリシャ、アテネ）

店名を聞くとあの甘いデザートを連想し、思わず唾液が出てくるが、ババ・オ・ラムが名物なわけではなく、豊富なカクテルと温かいサービスが人気のバーである。世界でも指折りのラムバーで、定番のレシピを斬新にアレンジした独創的なカクテルに定評がある。

世界で最も奇想天外なバー？

歩いて行くことができない。なぜなら海の真ん中に建っているからである！ そのバーの名は「フロイド・ペリカン・バー」(FLOYD'S PELICAN BAR) で、ジャマイカにある。「アプルトン蒸留所」(Appelton) を見学した後で、船で行くのがお決まりのコースになっている。

ラムが飲みたい気分？

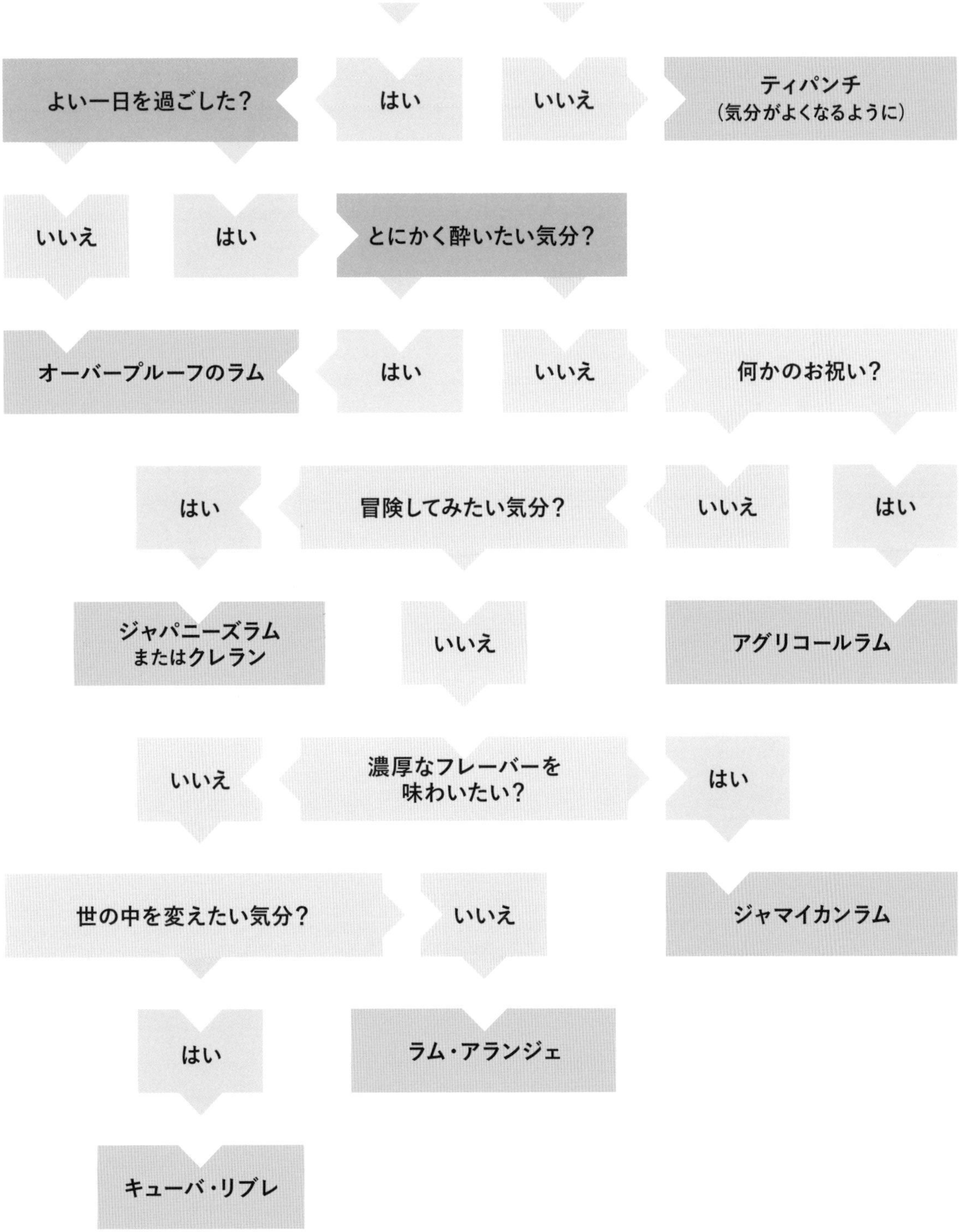

よい一日を過ごした？

はい　いいえ → **ティパンチ**（気分がよくなるように）

いいえ　はい ← **とにかく酔いたい気分？**

オーバープルーフのラム

はい　いいえ → **何かのお祝い？**

はい ← **冒険してみたい気分？** → いいえ　はい

ジャパニーズラムまたはクレラン　いいえ　**アグリコールラム**

いいえ ← **濃厚なフレーバーを味わいたい？** → はい

世の中を変えたい気分？　いいえ　**ジャマイカンラム**

はい　**ラム・アランジェ**

キューバ・リブレ

カクテル：バーツール

カクテルを飲みたい時はバーに行くだろう。だが、自宅でカクテルを作ることもできる。基本の技術と道具をおさえておけば、友人たちが感嘆する美味しいカクテルを作れるようになる!

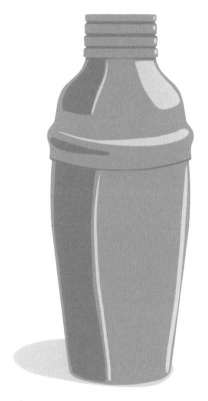

シェーカー

カクテルと言えば、まずシェーカーを思い浮かべるだろう。材料の温度を急激に下げ、よく混ぜ合わせることができる優れものだ。いろいろなタイプがあるが、最も使われているのは3ピース（ストレーナー内蔵型）であろう。使い方はボディにカクテルの材料と氷を入れ、ストレーナーとトップをしっかり閉める。シェーカーの外側に霜が付くまで勢いよく振る（10〜20秒間）。トップとボディの繋ぎ目を強くたたいて、トップを下から上へと押し上げて外す。

ペストル

出番は少ないかもしれないが、かの有名なモヒートを作るのに必要なアイテムである（なくても作れるが、あったほうが便利）。ハーブやスパイス、フルーツを潰して香りを引き出すことができる。グラスなどの容器の中で上から押しながら、円を描くように材料を潰す。手でしっかり固定できるような脚のない、割れにくい丈夫なグラスを選ぶ。

代用品
蓋付きのジャム瓶、マグボトル。

代用品
木製のスプーン。
ミントの葉を潰す場合は手でたたいてもよい。

グラス選び

美味しいカクテルに見栄えのよいグラスは欠かせない。テイスティングの邪魔になるような外観のグラスを避けるのは当然のことだが、小さすぎず、大きすぎない、ちょうどよいサイズのグラスを選ぶのも大切だ。カクテルを冷たく保つために、グラスを事前に冷凍庫で冷やしておくとよい。

豆知識：氷
カクテル作りには多量の氷が必要となるので、冷凍庫にたっぷり常備しておこう。

メジャーカップ

ケーキを作る時と同じように、各材料の分量を正確に計ることはとても大切。分量を間違えると全くの別物になってしまう！ 上下に大小のカップが付いていて、標準的な容量は大45㎖、小30㎖。

ミキシンググラス

シェーカーを使わないで、ミキシンググラスで作るカクテルも多い。大きめのグラスの中で材料を軽く混ぜ合わせて、温度を下げる技法である。氷と材料を入れて、バースプーンで15秒間ほどステアする。

ストレーナー（スプリング付き、またはジュレップタイプ）

シェーカーやミキシンググラスの中身を濾すための道具。カクテルの味を邪魔する氷やハーブ、フルーツの小片を取り除き、液体だけをグラスに注ぐために使う。

代用品
スピリッツボトルのスクリューキャップ

代用品
大きめのジャム瓶とスープスプーン

代用品
料理用のざる、ふるい、茶こし

ラムとティキバー

バー業界でのティキバーの位置づけは、アミューズメント業界のディズニーランドに匹敵するといえるかもしれない。日常の心配事を忘れられる魔法の空間だ。そしてこのトロピカルな異空間では、魅惑的なラムベースのカクテルを味わえるという楽しみも待っている!

ティキ：聖なる起源

「ティキ」とはフランス領ポリネシアの至る所で見られる木像や石像のことで、島民を守り、邪気を遠ざける神として崇拝されている。これらの像はポリネシア人にとって人類の起源である半神半人の祖先を表している。ずんぐりした男の姿で、両腕を腹部の前に置き、足を曲げた格好をしている。大きな頭は力を、大きな目は知を象徴している。

アメリカで広まったティキスタイル

20世紀初頭、様々な書物を通じて、ティキ文化は太平洋を越えて伝えられた。当時はエキゾチックな南国趣味として紹介された。1933年、アーネスト・ガント(Ernest Gantt)が南太平洋での放浪体験を活かし、南太平洋に浮かぶ島をイメージした20席ほどしかないバーレストラン、「ドン・ザ・ピーチコマー」(Don the Beachcomber※)をオープンした。アーネストのニックネームを冠した店内には、赤々と燃え上がる松明、藤の家具が飾られ、謎めいた異国の世界へ顧客を誘う演出がふんだんに施された。ヨーロッパスタイルを取り入れたオリエンタルな料理と、ラムベースの力強い飲み物を味わえる店として人気を集めた。ティキスタイルはこうして誕生したのである。

ラムをフルーツジュース、リキュール、ビターズと混ぜ合わせたカクテルスタイルを考案したのも「ドン・ザ・ピーチコマー」ことアーネスト・ガントであり、その作品に「ラム・ラプソディー」というスイートな名を付けた。※後に「ドン・ビーチ」(Don Bearch)に改名。

豆知識：「ドン・ザ・ピーチコマー」(Don the Beachcomber) VS 「トレーダーヴィック」バージェロン("Trader Vic" Bergeron)

ティキブームを語る時、もう1人の立役者である「トレーダーヴィックス」の創設者である、ヴィクター・ジェイ・バージェロン(Victor J. Bergeron)の名を挙げずにはいられない。ドン・ザ・ピーチコマーの影響を強く受け、かの有名なカクテル、マイタイを生み出し、ティキカルチャーを世界中に広めることに貢献した。食材を探して世界各地を旅した商人であったことから、「トレーダー」という愛称で親しまれた。現在も複数の都市(エメリービル、東京、ロンドンなど)に、彼の名を冠したポリネシアンレストラン、「トレーダーヴィックス」(Trader Vic's)がある。

本格的なティキバーの装飾例

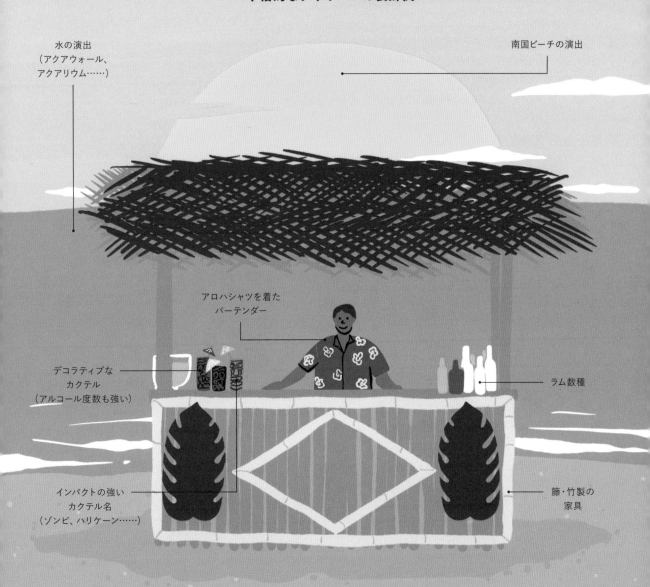

水の演出
（アクアウォール、
アクアリウム……）

南国ビーチの演出

アロハシャツを着た
バーテンダー

デコラティブな
カクテル
（アルコール度数も強い）

ラム数種

インパクトの強い
カクテル名
（ゾンビ、ハリケーン……）

籐・竹製の
家具

ティキカルチャーを象徴するティキ・マグ

どんなバーでも、ポリネシア風のカクテルを頼むとよく見かけるのがティキ・マグである。

発明当初のデザインは今よりもシンプルで、頭蓋骨やフラダンスを踊る女性をモチーフとした陶器製だった。ココナッツの実やパイナップルをくりぬいて、カクテルを入れることも多かった。ティキ像が刻まれたティキ・マグがアメリカで見られるようになったのは1950年代になってからのことである。

ボルケーノボウル

容量0.95ℓ以上の陶器製のボウルで、カクテルを数人で一緒に飲むことができる。中央に火山を模した突起があり、そこにオーバープルーフのラムを注ぐようになっている。サーブする直前にラムに火を付けると、神秘的な青い炎が立ち上り、ボウルに注がれたカクテルが火山を囲む海のように見える。素晴らしい演出効果だ！

ラムベースの王道カクテル

ラムベースのカクテルは人気カクテルランキングの上位を占めている。最近のトレンドだと思われているかもしれないが、ラムを使ったカクテルレシピは数世紀前から存在する。

ティパンチ　Ti punch

材料はとてもシンプルだが、だからこそ、それぞれの材料の特徴を十分に引き出すのが難しい。伝統的な飲み物であり、丹念に作るべきカクテルである。自分で作る場合も多いシンプルなカクテルなので、材料の配分を考えながら、自分の好みに合うように仕上げよう。

エピソード

アンティル諸島の民がサトウキビで生計を立てていた時代、農夫たちは畑に出る前の早朝5時頃、気付けに「ティパンチ」を1杯飲むことを慣わしとしていた。朝だけでなく、1日に何杯も飲んだが、その呼び名は時間帯によって違っていた。9時の1杯は「feu」(火)、15時の1杯は「l'heure du Christ」(キリストの時間)、17時の1杯は「ti-pape」(ティパップ)、1日の終わりの1杯は「petepied」(ふらふらした足)と呼ばれていた。そして寝酒として「CRS」(レモン、ラム、砂糖)を引っ掛けた。1日だけでこれだけの儀式があったのだ!

材料

ホワイトラム：50㎖

ライム 1/4カット：
1切れ

砂糖：2tsp (または
シュガーシロップ：
20㎖)

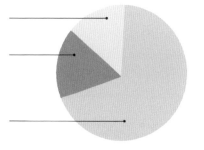

作り方

1　グラスの底に砂糖またはシュガーシロップを入れる。

2　ライム果汁を搾り入れて、搾った後のライムもそのまま入れる。

3　ラムを注ぐ。

4　バースプーンでステアする。

ピニャコラーダ
Piña Colada

小さなパラソルを添えた、カラフルなカクテルというイメージがあるが、近年またブームになっている。作りやすく飲みやすいカクテルで、プールサイドで過ごす夏のバカンスを連想させる。ピニャコラーダはスペイン語で「裏ごししたパイナップル」という意味。

エピソード

ピニャコラーダという名は19世紀から存在していたが、カクテルそのものはプエルトリコでココナッツクリームが生産されるようになった1950年代に生まれた。レシピの誕生については、「我こそが考案者だ」、と主張したバーテンダーが3名もいるため、複雑である。まず、「モンチート」(Monchito)こと、ラモン・マレーロ・ペレズ (Ramón Marrero Pérez) が、1954年に、プエルトリコ・サンフアンのホテル「カリブ・ヒルトン」(Caribe Hilton) のバーでレシピを考案したと主張。その後、同じバーで働いていたリカルド・ガルシア (Riçardo Garcia) が、自分が最初に考えたと名乗りを上げた。さらには、ラモン・ポルタス・ミニョ (Ramón Portas Mingot) がサンフアン旧市街のレストラン、「バラチーナ」(Barrachina) で、1963年に自ら創作したカクテルだと主張し、今もレストランの外壁には「ピニャコラーダ誕生の地」というプレートが堂々と飾られている。誰が本当の生みの親かは判明していないが、1つ確かなことは、パイナップル・ダイキリのようなカクテルから現在のスタイルへと、レシピが時とともに変化していったことである。

材料

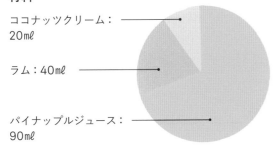

ココナッツクリーム：20㎖

ラム：40㎖

パイナップルジュース：90㎖

作り方

1. シェーカーに全ての材料を入れる。

2. 氷を加える。

3. シェーカーの外側が白くなるまで、約10秒間振る。

4. 氷を入れたグラスに、ストレーナーで濾しながらカクテルを注ぐ。

5. 手に入ればパイナップルの葉を飾り、ストローをさす。パラソルを添えてもよい。

モヒート　Mojito

食前酒として、不動の人気を誇るカクテル。フランスのカフェやバーでは、バーテンダーがうんざりしてしまうほど、ひっきりなしにオーダーが入る。モヒートをめぐっては、我こそが本物のレシピを知っていると主張する人が多く、いろいろなバージョンがある。さらに、シャンパーニュで割ったモヒート・ロワイヤルなど、バリエーションも豊富なため、どのレシピに倣えばよいか悩ましい。

エピソード

今やカクテル界の伝説となったモヒートには様々な誕生説があるが、キューバ発祥ということは間違いないようだ。その名はブードゥー教(ハイチ)における「呪術」を意味する「mojo」に由来している。基本の材料についてもラム(当初は精製されていないラム、アグアルディエンテを使用)、砂糖、ライム、ミントの葉で、どの説も一致している。しかし、ここから意見が分かれる。イギリス人の海賊、フランシス・ドレーク(Francis Drake)※を讃えるために作られたという説もあれば、キューバの奴隷が考え出したという説もある。いずれにせよ、その名を世界的に広めたのは文豪、アーネスト・ヘミングウェイ(Ernest Hemingway)であることは確かである。ヘミングウェイはキューバのバー、「ラ・ボデギータ・デル・メディオ」(La Bodeguita del Medio)の常連であったが、この店には現在も、「我がモヒートはラ・ボデギータで、我がダイキリはエルフロリ・ディータで」という彼のメッセージが誇らしげに飾られている。

材料

白砂糖：2tbsp

フレッシュミントの葉：2枝

ライムジュース：15㎖

キューバ産ホワイトラム：40㎖

炭酸水：80㎖

アンゴスチュラ・ビターズ：1dash

作り方

1. グラスにミントの葉、白砂糖、ライムジュース、少量の炭酸水を入れる。

2. ペストルでミントの葉を潰す(より苦味を出したい時は潰さずに、バースプーンで砂糖が溶けるまで混ぜる)。

3. ラムを注ぐ。

4. 氷と残りの炭酸水を入れる。

5. バースプーンでステアする。

6. グラスの縁にミントの葉を飾り、アンゴスチュラ・ビターズを一振りする。

※エリザベス朝期(1558年–1603年)に活動した海賊、海軍提督。イングランド人として初めて世界一周を達成。イングランド人には「英雄」とみなされるが、スペイン人からは「海賊」として恐れられた。

ダイキリ　Daiquiri

ストロベリー、バナナなどいろいろなフレーバーが
あり、フローズンタイプもある。ベーシックなダイキ
リは極めてシンプル（3材料のみ）で、それだけでパ
ーフェクトなカクテルである。

エピソード

キューバとアメリカは長い間複雑な関係に
あった。セオドア・ルーズベルト大佐がサ
ンフアンヒルの戦いに勝利した1898年以
降、アメリカ人がキューバの豊かな鉱山を
開拓し始めた。ジェニングス・ストックト
ン・コックス（Jennings Stockton Cox）はキュ
ーバ開拓に参加した最初の技師の1人だっ
た。彼はアメリカ人労働者を集めるために、
地元のラムを毎月配給することを思い付い
た。労働者は朝8時の朝食時に、ラムにラ
イムジュースと砂糖を混ぜて飲んでいた。
この最もポピュラーなレシピに、ダイキリ
鉱山の名が付けられたという。このエピソ
ードはコックスの日記に綴られている。

材料

シュガーシロップ：
15㎖

ライムジュース：
30㎖

キューバ産
ホワイトラム：60㎖

作り方

1. カクテルグラスに氷を入れて冷やしておく。
2. シェーカーに全ての材料と氷を入れる。
3. シェーカーの外側が白くなるまで、約10秒間振る。
4. カクテルグラスの氷を捨てる。
5. ストレーナーで濾しながら、液体をカクテルグラス
   に注ぐ。

マイタイ　Mai Tai

ティキカルチャーと切り離すことができないトロピカルカクテル。ラムとアーモンド、柑橘類の絶妙なハーモニーを楽しめる。

エピソード

ティキバーの2人の立役者、「トレーダーヴィックス」ことヴィクター・ジェイ・バージェロン（Victor J. Bergeron）と、「ドン・ザ・ビーチコマー」ことアーネスト・ガント（Ernest Gantt）が、考案者の座をめぐって争った象徴的なカクテルである。1944年、ヴィクターはこのラムベースのカクテルを創作し、タヒチ出身の友人、ハム＆キャリー・ギルド夫妻に振る舞った。そのカクテルを味わったキャリーがタヒチ語で「Mai Tai-Roa Aé」（最高！）と絶賛したことから、「マイタイ」と名付けた。しかし、アーネストは自分こそが1933年にこのカクテルを最初に作った考案者だと名乗りを上げた。この争いは裁判にまで発展し、最終的にヴィクターが勝利した。

材料

ジャマイカ産ゴールドラム：30㎖

シュガーシロップ：5㎖

ホワイト・キュラソー
（トリプルセック）：10㎖

アーモンド（オルゲート）・
シロップ：15㎖

ライムジュース：25㎖

アグリコールラム：30㎖

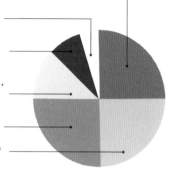

飾り：フレッシュミント：1枝、ライム1/4カット：1切れ

作り方

1. シェーカーに全ての材料を入れる。
2. 氷を加える。
3. シェーカーの外側が白くなるまで、10秒間振る。
4. クラッシュドアイスを入れたグラスに、カクテルをストレーナーで濾しながら注ぎ入れる。
5. ミントとライムを飾る。

オプション：
アンゴスチュラ・ビターズ 1dash を加えてもよい。

キューバ・リブレ　Cuba Libre

味よりも歴史のほうが興味深いカクテルかもしれない。そのレシピはいたってシンプルだが、キューバの複雑な歴史を象徴する飲み物である。

エピソード

キューバ・リブレはキューバ独立戦争（1895–1898）の終結後に誕生した。アメリカ人がスペイン人を島々から追放した後、コカ・コーラ社オーナーの弟、ワーレン・キャンドラー（Warren Chandler）がキューバへ渡り、コカ・コーラが1900年以降、キューバ全土に普及した。一説によると、あるアメリカ軍人の大尉がラムをコカ・コーラ、ライム果汁と混ぜた飲み物を注文し、グラスを掲げて「¡Por Cuba libre!」（キューバの自由のために!）と乾杯の音頭を取ったことから、その言葉がカクテル名になったと伝えられている。その後、このカクテルのレシピは急速に広まり、全てのアルコールが工業用アルコールの製造に充てられた1940年代に、アメリカ人の間で大流行した。ジンもウイスキーも輸入できなくなり、手に入る飲み物はラムとコーラしかなかった。当時の人気ぶりは、1945年にヒットしたアンドリュース・シスターズの歌、「ラム＆コカ・コーラ」（Rum and Coca-cola）からもうかがえる。

¡Por Cuba libre!

材料

ライム 1/4 カット：2切れ

ホワイトラム：25㎖

コカ・コーラ：50㎖

飾り：ライム 1/4 カット：1切れ

作り方

1. ハイボールグラスに氷をたっぷり入れる。
2. グラスに2切れ分のライム果汁を搾り入れ、搾った後のライムもそのまま入れる。
3. ラムを注ぐ。
4. コカ・コーラを加える。
5. バースプーンで軽くステアする。
6. ライム1切れを飾る。

インダストリアルラムをベースとした
カクテル18選

ブルー・ハワイアン
Blue Hawaiian

ブレンダー＋ハリケーングラス
キューバ産ホワイトラム：30㎖
ブルーキュラソー：30㎖
パイナップルジュース：60㎖
ココナッツミルク：30㎖

アプリコット・レディサワー
Apricot Lady Sour

シェーカー＋
オールド・ファッショングラス
ラム：45㎖
アプリコット・ブランデー：30㎖
レモンジュース：30㎖
シュガーシロップ※（2：1）：7.5㎖
卵白：1個分

バナナ・コラーダ
Banana Colada

ブレンダー＋ハリケーングラス
ホワイトラム：60㎖
バナナ・リキュール：15㎖
パイナップルジュース：120㎖
バナナ：1本
ココナッツクリーム：30㎖

フロリディータ・ダイキリ
Floridita Daiquiri

シェーカー＋カクテルグラス
キューバ産ホワイトラム：40㎖
ライムジュース：15㎖
グレープフルーツジュース：5㎖
シューガーケーン・シロップ：5㎖
マラスキーノ：5㎖

シカゴ・フィズ
Chicago Fizz

シェーカー＋コリンズグラス
ラム：45㎖
ポルトワイン：30㎖
卵白：1個分
シュガーシロップ：10㎖
炭酸水：適量

ダーク＆ストーミー
Dark & Stormy

ミキシンググラス＋コリンズグラス
ダークラム：60㎖
ライムジュース：15㎖
ジンジャービア：適量

アマリア
Amalia

シェーカー＋カクテルグラス
ホワイトラム：60㎖
レモンジュース：25㎖
シュガーシロップ※（2：1）：7.5㎖
白ワイン（ソーヴィニヨン・ブラン）：
30㎖
西洋スグリとミントの
コーディアル：5㎖

※（砂糖2：水1）

アメリカン・グロッグ
（ホットカクテル）
Grog américain (cocktail chaud)

ミキシンググラス＋マグカップ
ホワイトラム：40㎖
レモンジュース：15㎖
砂糖：2tbsp
レモンの輪切り：1枚
シナモン：1本
クローブ：3粒
熱湯：70㎖

ハリケーン
Hurricane

ブレンダー＋コリンズグラス
プエルトリコ産ホワイトラム：20㎖
キューバ産ゴールドラム：15㎖
ジャマイカ産ダークラム：15㎖
オレンジジュース：50㎖
パイナップルジュース：50㎖
ライムジュース：15㎖
シュガーケーン・シロップ：5㎖
グレナデン・シロップ：5㎖
氷：5個

〈本文中レシピの表記単位について〉
1tbsp（table spoon）＝大さじ1杯（約15㎖）
1tsp（tea spoon）＝バー・スプーンのスプーン1杯（約5㎖）
1dash＝ビターズ・ボトル1振り分（約1㎖）
1drop＝ビターズ・ボトルから垂らす1滴程度

レシピのシュガーシロップは（砂糖1：水1）を基本としていますが
シュガーシロップ※（2：1）と記載しているものは（砂糖2：水1）で作ります。

スコーピオン
Scorpion

ブレンダー＋
オールド・ファッショングラス
ホワイトラム：45㎖
コニャック：20㎖
オレンジジュース：60㎖
レモンジュース：30㎖
アーモンド（オルゲート）・
シロップ：15㎖
氷：4個

ジャングル・バード
Jungle Bird

シェーカー＋
オールド・ファッショングラス
ダークラム：45㎖
カンパリ：15㎖
パイナップルジュース：45㎖
ライムジュース：15㎖
シュガーシロップ※（2：1）：10㎖

マリー・ピックフォード
Mary Pickford

シェーカー＋カクテルグラス
ホワイトラム：50㎖
パイナップルジュース：25㎖
グレナデン・シロップ：5㎖

エル・プレジデンテ
El Presidente

ミキシンググラス＋カクテルグラス
キューバ産ホワイトラム：45㎖
ドライ・ベルモット：20㎖
トリプル・セック：10㎖
グレナデン・シロップ：5㎖

クォーター・デック
Quarter Deck

シェーカー＋カクテルグラス
ホワイトラム：40㎖
ライムジュース：15㎖
シェリー：15㎖

ランブル
Rumble

ミキシンググラス＋コリンズグラス
ダークラム：40㎖
コーヒーリキュール：10㎖
炭酸水：120㎖
ライム1/4カット：2切れ

1862
スコット・イングラム作
（by Scott Ingram）

シェーカー＋カクテルグラス
ホワイトラム：75㎖
シェリー・フィノ：22.5㎖
マラスキーノ：7.5㎖
レモンジュース：7.5㎖
シュガーシロップ※（2：1）：7.5㎖
アンゴスチュラ・アロマティック・
ビターズ：1dash
卵白：1個分

トム & ジェリー（ホットカクテル）
Tom et Jerry (cocktail chaud)

ミキシンググラス＋
トディグラス
ゴールドラム：20㎖
卵：1個
砂糖：2tbsp
シナモンパウダー：1つまみ
クローブパウダー：1つまみ
コニャック：20㎖
熱湯：70㎖

トロピカーナ
Tropicana

シェーカー＋
オールド・ファッショングラス
ホワイトラム：20㎖
カシャッサ：10㎖
ピスコ：10㎖
レモンの搾り汁：10㎖
ライム・シロップ
（ライム・コーディアル）：15㎖
パッションフルーツ・シロップ：5㎖
氷：4〜5個

アグリコールラムをベースとした
カクテル16選

アレクサンドル・クレオール
Alexandre Créole

シェーカー＋カクテルグラス
ホワイト・アグリコールラム：40㎖
クレマン・クレオール・シュラブ・
リキュール・ドランジュ：40㎖
フレッシュクリーム（低脂肪）：40㎖
バニラエッセンス：20㎖

バティーダ・デ・ココ
Batida Coco

シェーカー＋
オールド・ファッショングラス
ホワイト・アグリコールラム：50㎖
ココナッツミルク：80㎖
グレナデン・シロップ：10㎖

バジル・スマッシュ・オー・ラム
Basil Smash au rhum

シェーカー＋
オールド・ファッショングラス
ホワイト・アグリコールラム：50㎖
ライムジュース：20㎖
シュガーケーン・シロップ：10㎖
バジルの葉：12枚

ビッチズ・ブリュー
Bitches Brew

ダニエル・ユン作
（by Daniel Eun）（2008年）
シェーカー＋マティーニグラス
ホワイト・アグリコールラム：30㎖
キューバンラム（長熟）：30㎖
ライムジュース：30㎖
ピメント・ドラム・リキュール：15㎖
シュガーシロップ※（2：1）：15㎖
卵：1個

セヴン・シーズ
Seven Seas

シェーカー＋カクテルグラス
ホワイト・アグリコールラム：40㎖
ベルモット・ビアンコ：20㎖
マンサニーリャ（シェリー酒）：10㎖
イエルバス・デ・ラス・ドゥーナス
（薬草リキュール）：10㎖
アクアヴィット：3dash
塩水：1dash

ドン・デイ・アフタヌーン
Donn Day Afternoon

マーティン・ケイト作
（by Martin Kate）
シェーカー＋コリンズグラス
ホワイト・アグリコールラム：60㎖
グレープフルーツ・ソーダ：120㎖
シナモン・シロップ：15㎖
ライムジュース：15㎖

アイル・オブ・ゴールデン・
ドリーム　ラム・ネグローニ
Isle of Golden Dreams Rhum Negroni

ミキシンググラス＋カクテルグラス
ホワイト・アグリコールラム：45㎖
コッキ・アメリカーノ・ビアンコ
ヴィーノ・アロマティッツァート
（ベルモットベースの食前酒）：30㎖
ゲンチアナ・リキュール：15㎖
塩水（温水と塩の割合は1：1）：1dash

ミント・マティーニ・オー・ラム
Mint Martini au rhum

シェーカー＋カクテルグラス
ホワイト・アグリコールラム：30㎖
シュガーケーン・シロップ：20㎖
ミントの葉：6枚
ライムジュース：20㎖

モンテゴ・ベイ
Montego Bay

シェーカー＋
オールド・ファッショングラス
ホワイト・アグリコールラム：45㎖
トリプルセック：15㎖
ライムジュース：15㎖
シュガーシロップ※（2：1）：7.5㎖
アンゴスチュラ・アロマティック・
ビターズ：2dash

ムーラン・ルージュ
Moulin Rouge
シェーカー＋カクテルグラス
ホワイト・アグリコールラム：30㎖
ベルモット・ロッソ：20㎖
ビターズ：1dash
アブサン：1dash

プラントゥール
Planteur
シェーカー＋コリンズグラス
ホワイト・アグリコールラム：60㎖
グレナデン・シロップ：7.5㎖
オレンジジュース：100㎖

コスモ・クレオール
Cosmo Créole
シェーカー＋マティーニグラス
ホワイト・アグリコールラム：30㎖
クレマン・クレオール・シュラブ・
リキュール・ドランジュ：30㎖
クランベリージュース：30㎖
ライムジュース：15㎖

ニューオーリンズ・ブラック
New Orleans Black
ジョニー・ラグリン作
（by Jonny Raglin）（2008年）
シェーカー＋
オールド・ファッションドグラス
ホワイト・アグリコールラム：45㎖
ライムジュース：15㎖
シュガーシロップ※（2：1）：5㎖
ペイショーズ・ビターズ：2dash
ジンジャービア：適量

プリックリーペアー
Prickly Pear
アンドリュー・ダラン作
（by Andrew Dalan）（2008年）
シェーカー＋フルートグラス
ホワイト・アグリコールラム：45㎖
レモンジュース：15㎖
シュガーシロップ※（2：1）：7.5㎖
プリックリー・ペアー・ピューレ：
15㎖
フェルネット・ブランカ：15㎖
クレマン：30㎖

ピーニャ・ヴェラ
Piña Vera
スティーヴン・マーティン作
（by Stephen Martin）
シェーカー＋
オールド・ファッションドグラス
ホワイト・アグリコールラム：20㎖
ゴールド・アグリコールラム：20㎖
アロエ＆ライチジュース：120㎖
アーモンドミルク：60㎖
刻んだコリアンダーの葉：適量
ココナッツミルク：20㎖

ザ・トランブラー
The Trembler
リンゼイ・ネーダー作
（by Lindsay Nader）
ミキシンググラス＋カクテルグラス
オールド・アグリコールラム：60㎖
ドライ・ベルモット：15㎖
アプリコット・リキュール：15㎖
蜂蜜：1/2tsp

※（砂糖2：水1）

ジャマイカンラムをベースとした
カクテル9選

バハマ・ダイキリ
Bahamas Daiquiri
シェーカー＋カクテルグラス
ジャマイカンラム：45㎖
ココナッツ・ラムリキュール：22.5㎖
コーヒーリキュール：7.5㎖
パイナップルジュース：45㎖
ライムジュース：15㎖

ブレード・ランナー
Blade Runner
シェーカー＋コリンズグラス
ホワイトラム：60㎖
ジャマイカンラム：15㎖
パイナップルジュース：75㎖
シュガーシロップ※（2：1）：7.5㎖
アンゴスチュラ・ビターズ：2dash
ライムジュース：15㎖

ドクター No.4
Doctor n° 4
シェーカー＋カクテルグラス
スウェーデン産プンシュ：45㎖
ジャマイカンラム：15㎖
ライムジュース：22.5㎖

グッド・ホープ・プランテーション
ラムパンチ
Good Hope Plantation Rum Punch
シェーカー＋
オールド・ファッションドグラス
ジャマイカンラム：30㎖
トリプルセック：30㎖
グラン・マルニエ：30㎖
ライムジュース：30㎖
炭酸水：適量

クール・ハンド・リューク
Kool Hand Luke
ミキシンググラス＋
オールド・ファッションドグラス
ライム：1個
（4つ切りにしてペストルで潰す）
ジャマイカンラム：60㎖
シュガーシロップ※（2：1）：30㎖
アンゴスチュラ・ビターズ：2dash

プランターズ・パンチ
Planter's Punch
シェーカー＋コリンズグラス
ジャマイカンラム：45㎖
ライムジュース：30㎖
シュガーシロップ：15㎖
アンゴスチュラ・ビターズ：3dash
冷水：60㎖

スタウト・フェロー
Stout Fellow
マシュー・コーツ作
（by Matthew Coates）
シェーカー＋カクテルグラス
ギネスビール：60㎖
ジャマイカンラム：30㎖
コーヒーリキュール：30㎖
クレーム・ド・カカオ（ブラウン）：5㎖

※（砂糖2：水1）

トリークル No.1
Treacle n° 1
ディック・ブラッドセル作
（by Dick Bradsell）
ミキシンググラス＋
オールド・ファッションドグラス
ジャマイカンラム：60㎖
シュガーシロップ※（2：1）：7.5㎖
アップルジュース：15㎖
アンゴスチュラ・アロマティック
ビターズ：2dash

ワードスミス
Wordsmith
チャック・タガート作
（by Chuck Taggart）
シェーカー＋カクテルグラス
ジャマイカンラム：25㎖
シャルトリューズ・ヴェルト
（グリーン）：25㎖
マラスキーノ：25㎖
ライムジュース：25㎖

オーバープルーフラムをベースとした
カクテル6選

ニュクリア・ダイキリ
Nuclear Daiquiri

シェーカー＋カクテルグラス
オーバープルーフラム：30㎖
シャルトルーズ・ヴェルト：20㎖
ライムジュース：15㎖
ヴェルヴェット・ファレナム：10㎖

ピラット・ダイキリ
Pirate Daiquiri

シモン・ディフォード作
（by Simon Difford）
シェーカー＋カクテルグラス
オーバープルーフラム：25㎖
ネイヴィーラム：25㎖
シナモン・シュナップス：15㎖
ライムジュース：15㎖
グレナデン・シロップ：7.5㎖
冷水：15㎖

レゲエ・ラムパンチ
Reggae Rum Punch

シェーカー＋コリンズグラス
オーバープルーフラム：50㎖
ライムジュース：15㎖
パイナップルジュース：50㎖
オレンジジュース：50㎖
グレナデン・シロップ：25㎖

ローマン・パンチ
Roman Punch

シェーカー＋コリンズグラス
オーバープルーフラム：22.5㎖
ベネディクティンDOM：45㎖
コニャック：45㎖
レモンジュース：22.5㎖

ラム・オールド・ファッションド
Rum Old Fashioned

ゴンサロ・デ・ソウザ・モンテイロ作
（by Gonçalo de Sousa Monteiro）
ミキシンググラス＋
オールド・ファッショングラス
キューバ産ゴールドラム：50㎖
オーバープルーフラム：10㎖
ヴェルヴェット・ファレナム：7.5㎖
アンゴスチュラ・アロマティック・
ビターズ：1dash
シュガーシロップ※（2：1）：2.5㎖

ゾンビ
Zombie

シェーカー＋ハリケーングラス
ホワイトラム：45㎖
ジャマイカンラム：30㎖
オーバープルーフラム：20㎖
パイナップルジュース：30㎖
グレープフルーツジュース：10㎖
ライムジュース：20㎖
グレナデン・シロップ：5㎖

スパイスド・ラムをベースとした
カクテル7選

アトランティック
Artlantic

シェーカー＋コリンズグラス
スパイスドラム：30㎖
アマレット：15㎖
ブルーキュラソー：15㎖
ライムジュース：15㎖
アップルジュース：90㎖

ケーブルカー
Cable Car

トニー・アバウ＝ガニム作
（by Tony Abou-Ganim）
シェーカー＋カクテルグラス
スパイスドラム：45㎖
トリプルセック：22.5㎖
レモンジュース：30㎖
シュガーシロップ※（2：1）：10㎖

ワルシャワ・クーラー
Warsaw Cooler

モーガン・ワトソン作（by Morgan Watson）
シェーカー＋コリンズグラス
スパイスドラム：15㎖
ウォッカ：45ml
トリプルセック：7.5㎖
蜂蜜：2tsp
シュガーシロップ※（2：1）：15㎖
レモンジュース：25㎖
アップルジュース：60㎖

ボンバー
Bomber

ミキシンググラス＋コリンズグラス
ホワイトラム：30㎖
スパイスドラム：30㎖
ライムジュース：15㎖
ジンジャービア：75㎖

ロングアイランド・スパイスド・
ティー
Long Island Spiced Tea

シェーカー＋コリンズグラス
スパイスドラム：15㎖
ジン：15㎖
ウォッカ：15㎖
テキーラ：15㎖
トリプルセック：15㎖
ライムジュース：30㎖
シュガーシロップ※（2：1）：15㎖
コーラ：適量

サンティアゴ
Santiago

シェーカー＋コリンズグラス
スパイスドラム：30㎖
ホワイトラム：30㎖
ライムジュース：15㎖
オレンジジュース：15㎖
アンゴスチュラ・アロマティック・
ビターズ：3dash
リモナード：適量

スパイスド・ペアー
Spiced Pear

ジェームズ・スチュワート作
（by James Stewart）
シェーカー＋
オールド・ファッショングラス
スパイスドラム：30㎖
ペアーリキュール：30㎖
ペアージュース：30㎖
ライムジュース：15㎖
シュガーシロップ：15㎖

※（砂糖2：水1）

ココナッツ・ラムリキュールをベースとした
カクテル9選

アトミック・ドッグ
Atomic Dog

シェーカー＋コリンズグラス
ホワイトラム：55㎖
メロンリキュール（グリーン）：25㎖
ココナッツ・ラムリキュール：25㎖
パイナップルジュース：75㎖
レモンジュース：25㎖

ココナッツ・ウォーター
Coconut Water

シェーカー＋マティーニグラス
ウォッカ：30㎖
ココナッツ・ラムリキュール：70㎖
ココナッツ・シロップ：5㎖
冷水：30㎖

カリビアン・クルーズ
Caribbean Cruise

シェーカー＋コリンズグラス
ホワイトラム：45㎖
ココナッツ・ラムリキュール：45㎖
パイナップルジュース：120㎖
グレナデン・シロップ：5㎖

ミスター・ステュ
Mister Stu

シェーカー＋コリンズグラス
テキーラ：60㎖
アマレット：15㎖
ココナッツ・ラムリキュール：15㎖
パイナップルジュース：45㎖
オレンジジュース：45㎖

ダイキリ・ノワ・ド・ココ
Daiquiri noix de coco

シェーカー＋マティーニグラス
ホワイトラム：60㎖
ココナッツ・ラムリキュール：30㎖
ライムジュース：15㎖
ココナッツ・シロップ：15㎖
冷水：30㎖

ウィップ・ミー＆ビート・ミー
Whip me & Beat me

シェーカー＋ショットグラス
アブサン：15㎖
フレッシュクリーム：15㎖
ココナッツ・ラムリキュール：15㎖
ミルク：15㎖

ジェリー・ベリー・ビーニー
Jelly Belly Beany

シェーカー＋カクテルグラス
ホワイトラム：45㎖
ピーチリキュール：30㎖
ココナッツ・ラムリキュール：30㎖
オレンジビターズ：2dash
冷水：15㎖（好みで）

バハマ・ママ
Bahama Mama

シェーカー＋コリンズグラス
ネイヴィーラム：25㎖
ゴールドラム：25㎖
ココナッツ・ラムリキュール：30㎖
オレンジジュース：50㎖
パイナップルジュース：70㎖
アンゴスチュラ・アロマティック・
ビターズ：3dash

ジョージタウン・パンチ
Georgetown Punch

シェーカー＋コリンズグラス
ホワイトラム：30㎖
ダークラム：20㎖
ココナッツ・ラムリキュール：45㎖
クランベリージュース：30㎖
パイナップルジュース：30㎖
ライムジュース：25㎖

ラム・アランジェ（漬けラム）

ラムを語る時に、ラム・アランジェの存在を見過ごすわけにはいかない。特にシーサイドのバーでは店自慢のスペシャリティとして提供されている。

パンチ？ ラム・アランジェ？

ありがちな勘違いではあるが、パンチはラム・アランジェではない。ラム・アランジェはホワイトラム（アグリコールまたはインダストリアル）にフルーツ、スパイス、ハーブ、砂糖を数日〜数か月間、漬け込んだ飲み物である。

一方、パンチは水、アルコール（ラム、ジン、リキュール、ワインなど）、レモンジュース、砂糖、スパイスを混ぜ合わせたカクテルである。他にもプランターというラム（ホワイトまたはダーク）、スパイス、フルーツジュースを原料としたアルコール飲料が存在する。

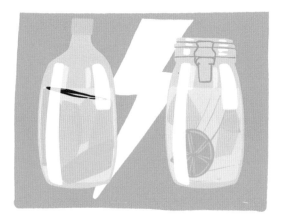

フルーツは1種類？ 数種類？

ラム・アランジェには1種類のフルーツを漬け込むべきだという愛好家もいる。実際には生産地によってレシピは異なる。フランス領アンティルでは1種類のフルーツのみを、インド洋の島々では数種類のフルーツを一緒に漬ける。

自家製？ それとも市販品？

すぐに飲んでみたいという人は、すでに完成した市販のラム・アランジェを入手することが可能だ。近くの専門店で見つかる銘柄もいくつかある。

手作り派にとっても、自宅で簡単にトライできる飲み物である。様々なレシピがあるので、自分の好みに合うものを選ぶことができる。ただし、しっかり漬かるまで辛抱強く待たなければならない。

ラム・アランジェに適したラムは？

まずはホワイトラム（できればアグリコール）から試してみよう。アルコール度数は40〜50%が適しているが、水分の多いフルーツを漬ける場合は50%のものを選んだほうがよい。ストレートで飲んで美味しいものを選び、加糖量の多い、安価なものは避けよう。

アドバイス

良質な材料（ラム、フルーツ、スパイス）だけを使おう。美味しく仕上がるかどうかは、材料にかかっている。

1種類のフルーツから始めて、バランスの良い配合量と浸漬時間をつかむ。

味の濃い、有機栽培のフルーツを選ぶ。

果肉を圧搾して漬けると時間を短縮することができるが、その場合、ラムの浸み込んだフルーツを味わえなくなる。

ラムとほぼ同量のフルーツを入れる（ただし、スパイスの場合はラム98%に対して2%）。

ラムがよく浸み込むように、フルーツをできるだけ小さくカットする（一部のフルーツ以外は果皮と種を取り除く）。

煮沸消毒したガラスの密閉容器に全ての材料を入れる（レシピに書いてあれば別だが、加糖はしないほうがよい）。

密閉容器を暗所に置き、室温で保存する。日光に当てると短い時間で仕上がるが、色があまり美しくない。1週間ごとに混ぜ合わせて味を見る。柑橘類はだいたい2週間、それ以外のフルーツは3カ月、スパイスは6カ月かかると見ておいたほうがよい。

ラム・アランジェのレシピ例

柑橘類のラム・アランジェ

ホワイトラム（50%）：1ℓ

グレープフルーツ：1個

ミカン：2個

マンダリン：2個

ライム：2個

ブラウンシュガー：大さじ4

バニラビーンズ：2本

浸漬時間：2カ月

バナナのラム・アランジェ

ホワイトラム：1ℓ

バナナ：3本

シュガーケーン・シロップ：100㎖

バニラビーンズ：2本

シナモン：1本

浸漬時間：2カ月

ブドウのラム・アランジェ

ホワイトラム：1ℓ

黒または白ブドウ：1房

ブラウンシュガー（角砂糖）：20個

バニラビーンズ：2本

浸漬時間：3週間

オレンジとスパイスのラム・アランジェ

ラム：1ℓ

シナモン：3本

八角：2個

胡椒：小さじ1/2

メース：小さじ1/4

バニラビーンズ：1本

ロングペッパー：1粒

カルダモン：4〜6粒

ドライ・オレンジピール：10cm

浸漬時間：1カ月

コーヒーのラム・アランジェ

コーヒー豆：30粒

バニラビーンズ：2本

ホワイトラム：1ℓ

シュガーケーン・シロップ：100㎖

浸漬時間：3カ月

イチゴとバジルのラム・アランジェ

ホワイトラム：1ℓ

イチゴ：700g

バジルの葉：8枚

浸漬時間：3週間

ラムベースのアルコール

ラムの風味を多少なりとも楽しめる派生物も各種存在する。

スパイスドラム

ナツメグ、バニラ、シナモンなどのスパイスを混ぜたお酒。優しくまろやかな口当たりで、カクテルのベースにも適している。各メーカーがオリジナルのレシピとメソッドで造っている。
例：チェアマンズ・リザーヴ（Chairman's Reserve）

インフューズドラム

ジンと同じように、蒸留の工程でハーブなどを浸漬し、再蒸留する。
例：シャロンベイ・タイ・スイート・バジル
　　（Chalong Bay Basilic Doux thaï）

ラムベースのビターズ

ミクソロジーのアイコンともいうべきビターズは、料理に欠かせない塩胡椒に相当するもので、多くのカクテルレシピに使われている。そのなかでも、ラム、ゲンチアナ根、オレンジピールをベースとしたアンゴスチュラ・アロマティック・ビターズ（Angostura Aromatic Bitters）は、定番中の定番だ。もともとは薬として処方されたエッセンスだが、カクテル界のマストアイテムになった。カクテルの風味を引き立てる隠し味として使われることが多い。

シュラブ

アンティル諸島伝統のオレンジピールをベースとしたリキュール。当地では大晦日のパーティーで飲む風習がある。クリスマスのご馳走であるパイナップル風味のハムや、その他のクレオール料理にとても良く合う。
例：クレマン クレオール シュラブ リキュール
　　ドランジュ

ラムベースのクレーム＆リキュール

ココナッツリキュールが特に有名だが、コーヒー、バニラのリキュールもある。アンティル諸島産のウッドベースのリキュールもあるが、これは「男性に精力を与え、女性を悦ばせるための強壮剤」として、フランスで一時話題になった。

ラムを愛するバーテンダーのコンペティション

世界中のバーテンダーの情熱と創作意欲を掻き立てるラム。このスピリッツの魅力を表現するためのコンペティションが各種存在する。自作のオリジナルカクテルが、モヒートのように世界中で愛されるカクテルになることも夢ではない！

バカルディ・レガシー　The Bacardí Legacy Coctail Competition

最も格式のあるカクテルコンペティションの1つ。毎年50以上の国と地域から実力のあるバーテンダーが参加し、バカルディのラムを使った独創的なカクテルを披露する。国際大会の決勝は、まさしくアメリカ式のビッグショーであり、インターネットでライブ配信されている。

コンペティションはバカルディ・レガシーの公式Youtubeチャンネルでも見ることができる。

〈バカルディ・レガシー優勝者のカクテル例〉

マルコズ・バカルディフィズ・カクテル
MARCO'S BACARDÍ FIZZ COCKTAIL

マーク・ボネトン　Marc Bonneton
（2011年の優勝者）

バカルディ：45㎖
シャルトルーズ・ヴェルト：15㎖
炭酸水：40㎖
ライムジュース：15㎖
卵白：20㎖
レモンジュース：15㎖
シュガーシロップ：15㎖
フレッシュクリーム（脂肪分35％）：30㎖

ル・ラタン　LE LATIN

フランク・デデュー　Franck Dedieu
（2015年の優勝者）

バカルディ・カルタブランカ：35㎖
白ワイン（ヴィオニエがよい）：20㎖
レモンジュース：20㎖
オリーブを浸けた塩水：バースプーン2杯分
シュガーシロップ：バースプーン2杯分

クラリタ　CLARITA

ラン・ヴァン・オングヴァレ
Ran Van Ongevalle
（2017年の優勝者）

バカルディ エイト（8年熟成）：60㎖
シェリー・アモンティリャード：10㎖
クレーム・ド・カカオ：
バースプーン1杯分
アブサン：2dash
塩水：1dash

ザ・バーテンダーズ・ソサイエティ
The Bartenders Society

マルティニークのラムメーカー、「セント・ジェームス」(Saint James)と、マリー・ブリザール(Marie Brizard)が協賛するコンペティション。世界各地から集まったバーテンダーが、毎年決められたテーマ(パティスリー、世界のスウィートフードなど)に沿って腕を競い合う。参加者は創作力を駆使して、アルコール入りと無しの2種類のカクテルを提案しなければならない。

ティパンチ・カップ
Martinique's Rhum Clément Ti-punch Cup

アグリコールラムをベースとした有名なティパンチに捧げられたコンペティション。参加者は伝統的な材料(レモン、ラム、シュガー)を使って、オリジナリティーのあるティパンチを創作することを求められる。

フロール・デ・カーニャ＝サステイナブル・カクテル・チャレンジ
Flor de Caña-Sustainable Cocktail Challenge

ラムを使うことは言うまでもないが、「地球に優しい」レシピを競うコンペティション。参加者はサステイナブルな材料を使って、斬新なカクテルを披露することを求められる。

チェアマンズ・リザーヴ マイタイ・チャレンジ
Chairman's Reserve Mai Tai Challenge

有名なカクテル、マイタイをテーマとしたコンペティション。さらに、オリジナルのスパイスドラムを競うためのコンペティション、「チェアマンズ・スパイス・ラブ」(Chairman's Spice Lab)も存在する。

ロムベイヨン
(トロワ＝リヴィエール主催)
Rhumbellion by Trois-Rivières

当初はプロのバーテンダー向けの大会だったが、2020年からアマチュアも参加できるようになった。一時、バーテンダーになった気分で、ラムベースのカクテルの奥深さに触れる機会でもある。

アンゴスチュラ・グローバル・カクテルチャレンジ
Angostura Global Cocktail Challenge

ラムを熟知したクリエーター向けのコンペティション。優勝者は2年間、アンゴスチュラ・ビターズのアンバサダーに任命されるため、コミュニケーションスキルも求められる。

クレラン・ワールド・チャンピオンシップ
Clairin World Championship

ハイチのアグリコールラム、クレランに捧げられたコンペティション。参加者はクレラン・コミュナールを使って、ハイチをイメージしたカクテルを提案する。

ハバナクラブ・グランプリ
Havana Club Grand Prix

キューバンラムを讃える世界的に有名な大会。世界のバーシーンを牽引する偉大なバーテンダーを輩出した。

ラムの産地を巡る

ラムのボトルを1本、さらには数本手に入れるのは楽しいことだ。その特徴を深く知り、他のラムや産地と比較し、地図で産地を確認するのはもっと楽しい。知人からいろいろと質問されて、なんでもかんでも「南国産」とすませることのないように、ラムの産地と位置を把握しておこう。

カリブ海地域

大ヒット映画、「パイレーツ・オブ・カリビアン」で有名になった海賊の本拠地であるが、ラムが歴史と経済の中心を占める地域でもある。ここではフランス系のロム（マルティニーク）、スペイン系のロン（キューバ）、イギリス系のラム（バルバドス）が生産されている。ラムはヨーロッパ諸国の植民地政策の歴史と密接に関係している。

1
キューバ

Santa Cruz del Norte
サンタ・クルス・デル・ノルテ蒸留所

Long Pond
ロングポンド蒸留所

Hampden
ハンプデン蒸留所

Appleton Estate
アプルトン蒸留所

Clarendon
クラレンドン蒸留所

2
ジャマイカ

Worthy Park Estate
ワーシーパーク
蒸留所

カリブ海地域から始まるラムの歴史

1703年に、バルバドスの「マウントゲイ蒸留所」(Mount Gay)でラムが造られていたことを示す文書が残っている。現存する最古のラム製造に関する記録である。

イギリス海軍の御用達

ジャマイカには独特なラム文化が根付いているが、それはこの島がイギリス海軍公認のラム供給地であった歴史に負うところが大きい。

キューバ、砂糖島

フィデル・カストロの革命時、キューバは世界最大のサトウキビ生産国であった。当時の栽培地は130万haにも及んだが、現在はその1/3の規模になっている。

クリストファー・コロンブスがいなければラムは存在しなかった?

1494年、コロンブスはカナリア諸島で栽培されたサトウキビをイスパニョーラ島東部(現ドミニカ共和国)に導入した。

セントルシア島：2つの文化を持つ島
(蒸留所は1軒のみ)

フランスとイギリスが奪い合った小アンティル諸島の1島で、1814年までに14回も領有権が変わった。サトウキビは2009年に再植されるまで消滅していた。

3
ドミニカ共和国

4

5

6

7

8

9

10

11

12

13

14

Brugal
ブルガル
蒸留所

AFD (Barceló)
アルコールス・フィノス・
ドミニカノス蒸留所
(ロン・バルセロの生産元)

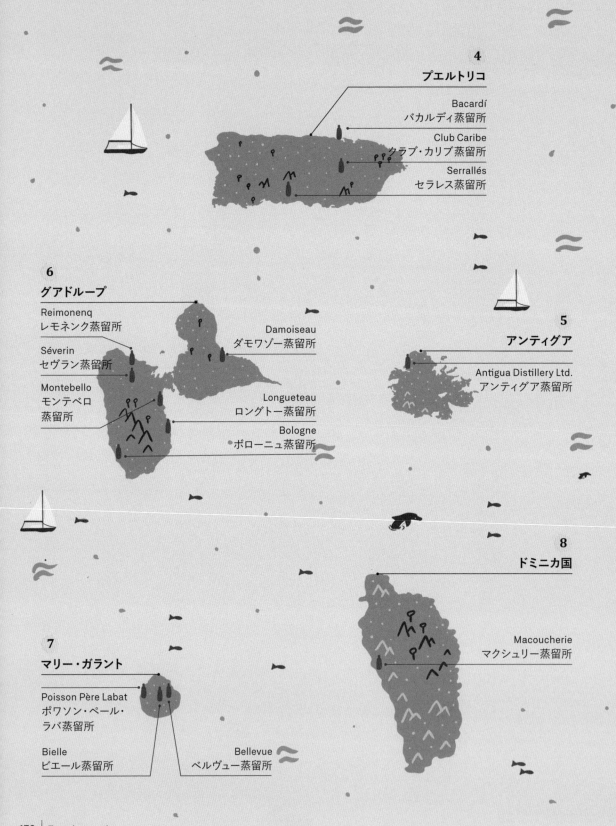

4
プエルトリコ

Bacardí
バカルディ蒸留所

Club Caribe
クラブ・カリブ蒸留所

Serrallés
セラレス蒸留所

6
グアドループ

Reimonenq
レモネンク蒸留所

Séverin
セヴラン蒸留所

Montebello
モンテベロ
蒸留所

Damoiseau
ダモワゾー蒸留所

Longueteau
ロングトー蒸留所

Bologne
ボローニュ蒸留所

5
アンティグア

Antigua Distillery Ltd.
アンティグア蒸留所

8
ドミニカ国

Macoucherie
マクシュリー蒸留所

7
マリー・ガラント

Poisson Père Labat
ポワソン・ペール・
ラバ蒸留所

Bielle
ビエール蒸留所

Bellevue
ベルヴュー蒸留所

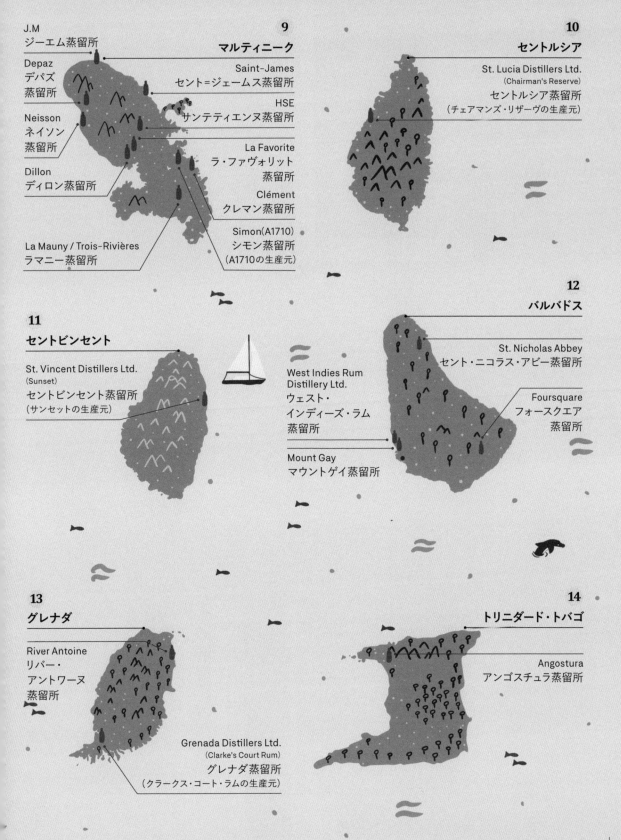

9

マルティニーク

J.M
ジーエム蒸留所

Depaz
デパズ
蒸留所

Neisson
ネイソン
蒸留所

Dillon
ディロン蒸留所

La Mauny / Trois-Rivières
ラマニー蒸留所

Saint-James
セント=ジェームス蒸留所

HSE
サンテティエンヌ蒸留所

La Favorite
ラ・ファヴォリット
蒸留所

Clément
クレマン蒸留所

Simon(A1710)
シモン蒸留所
(A1710の生産元)

10

セントルシア

St. Lucia Distillers Ltd.
(Chairman's Reserve)
セントルシア蒸留所
(チェアマンズ・リザーヴの生産元)

11

セントビンセント

St. Vincent Distillers Ltd.
(Sunset)
セントビンセント蒸留所
(サンセットの生産元)

12

バルバドス

St. Nicholas Abbey
セント・ニコラス・アビー蒸留所

West Indies Rum
Distillery Ltd.
ウェスト・
インディーズ・ラム
蒸留所

Mount Gay
マウントゲイ蒸留所

Foursquare
フォースクエア
蒸留所

13

グレナダ

River Antoine
リバー・
アントワーヌ
蒸留所

Grenada Distillers Ltd.
(Clarke's Court Rum)
グレナダ蒸留所
(クラークス・コート・ラムの生産元)

14

トリニダード・トバゴ

Angostura
アンゴスチュラ蒸留所

中央・南アメリカ

サトウキビの大生産地域。チリ以外の全ての国で栽培されている（ただし、チリは素晴らしいブドウの蒸留酒、ピスコを生産している）。カシャッサ（Cachaça）を生産しているブラジルは、このラム産地地図からあえて外した。カリブ海地域産のラムほどには知られていない中南米産のラムは、全体的にライトなスタイルである。

Destilería Espiritus del Norte (Pixan)
エスペリトゥス・デル・ノルテ蒸留所
（ピクサンの生産元）

メキシコ

Demerara Distillers Ltd. (El Dorado)
デメララ蒸留所
（エルドラドの生産元）

Destilerías Unidas, SAC
ウニダス蒸留所

ガイアナ

ペルー

パラグアイ

Otisa
オティサ蒸留所

木製の蒸留機！

ラム界で唯一無二の蒸留機。ガイアナの「デメララ蒸留所」（Demerara Distillers Limited）は今も木製の蒸留機を使用している。アイルランド人のイーニアス・カフェ（Aeneas Coffey）が製造し、特許を取得した初期の「カフェスチル」に非常によく似ている。

森林とラムが豊富にある国

グアテマラは「森林の大地」を意味する。それだけでなく、ラムの大生産国でもある。中米最大の蒸留所の1つ、「ダルサ蒸留所」（Darsa）を有している。

サトウキビを収穫するべきではない国々……

中米では、この10年間で2万人近くの伐採者が腰の病で死亡している。カナダ人バーテンダー、イヴァン・ワトソン（Evan Watson）は、この事実を広く世に知らせるために、ニカラグア産ラムのボイコット活動に取り組んでいる。

「オーガニック・バレー」の蒸留所

「オティサ蒸留所」（Otisa）は、1973年にパラグアイで設立された製糖工場だが、1994年からオーガニックシュガーを生産し、フェアトレードを推進している。そのラムは「フェア・パラグアイXO」（Fair Paraguay XO）としてフランスで販売されている。

Krassel (El Destilado)
クラッセル蒸留所
（エル・デスティラードの生産元）

メキシコ

Paranubes
パラヌーベス蒸留所

Travellers Liquors Ltd.
トラヴェラース・リカーズ蒸留所

Darsa (Botran)
ダルサ蒸留所
（ロン・ボトランの生産元）

ベリーズ

グアテマラ

Cihuatán
チワタン蒸留所

エルサルバドル

ニカラグア

Compañia Licorera de Nicaragua (Flor de Caña)
カンパニラ・リコレラ・デ・ニカラグア蒸留所
（フロール・デ・カーニャの生産元）

DUSA Destilerías Unidas (Diplomático)
ウニダス蒸留所（DUSA）
（ディプロマティコの生産元）

Santa Teresa
サンタテレサ蒸留所

Carúpano
カルパノ蒸留所

ベネズエラ

コロンビア

Rhums Saint-Maurice
サンモーリス蒸留所

Industria Licorera de
Caldas
インダストリア・リコレラ・
デ・カルダス蒸留所

フランス領ギアナ

インド洋地域

インド洋に浮かぶ島々は昔から旅行者を惹きつけるリゾートである。ラム生産に関しては、現代式の蒸留所と伝統的な蒸留所が並び合う地域である。

マダガスカル：香水の島

マダガスカル北部にあるヌシ・ベー島は、香水の原料として珍重されているイランイランの栽培地として有名である。それだけでなく、現地では上質なラムも味わえる。サトウキビを原料とする「トアカガシ」(Toaka Gasy) という地酒もあるが、その品質はラムとは別物である。

レユニオン

同じフランス海外県のマルティニークやグアドループほど知られていないが、注目すべき産地である。「サヴァンナ蒸留所」(Savanna) は、アグリコールラムとインダストリアルラムの両方を生産している世界唯一の蒸留所である。さらにはジャマイカンラムに値する「グラン・アローム」(Grand Arome) も造っている。すべてが同じ1つの蒸留所で造られているのだ！

インド

Amrut
アムルット蒸留所

スリランカ

Rockland Distilleries Ltd.
ロックランド蒸留所

インドの蒸留所と、「インド」という名を冠するカンパニー

「コンパニー・デ・ザンド」(Compagnie des Indes) というブランドが
あるが、これはフランスに拠点を置くインディペンデント・ボトラー
ズである。純インド産ラムを代表するものとして、ウイスキーファ
ンの間で有名な「アムルット蒸留所」(Amrut) で蒸留、瓶詰めされ
たラムがある。

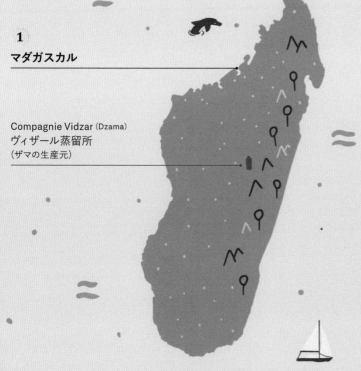

1

マダガスカル

Compagnie Vidzar (Dzama)
ヴィザール蒸留所
(ザマの生産元)

2

モーリシャス

New Grove
ニュー・グローヴ
蒸留所

Chamarel
シャマレル
蒸留所

3

レユニオン

Savanna
サヴァンナ
蒸留所

La Part des
Anges
ラ・パール・
デ・ザンジュ
蒸留所

Rivière du Mât
リヴィエール・
デュ・マ
蒸留所

Isautier
イザウティエ蒸留所

その他の地域

珍しい生産地を開拓してみたい？　それならば、新鮮な驚きを与えてくれる地図を提供しよう！

「ナインリーヴズ蒸留所」(Nine Leaves) と日本の匠

日本人がウイスキーを造ろうと決意した時、中途半端なものではなく、完璧を求めた。ラム酒造りでも同じことが起きている。「ナインリーヴズ蒸留所」(Nine Leaves) は、ラム造りに適した良質な水がある場所に蒸留所を建立した。創業者の竹内義治は、秩父のウイスキー蒸留所で蒸留術を習得した。ラム原酒を5分ごとに採取して、鑑定するという徹底ぶりで、自身でボトルの1本1本にラベルを貼り、番号を付けている。ここでは、品質管理が徹底している。

カーボベルデのグロッグ (Grog)！

この国ではグロッグをすすめられたら、断ってはならない。サトウキビベースの強い蒸留酒で、ハイチのクレランやアグリコールラムに似ている。グロッグはカーボベルデの国酒である。

パリの中心にあるラム蒸留所

エッフェル塔の下にサトウキビ畑があるとは思わないように！ 10区にある「パリ蒸留所」(Distillerie de Paris) は、自前の蒸留機で本格的にラムを造っている。

Distillerie Monte Negro
モンテネグロ蒸留所

カーボベルデ

フランス

Distillerie de Paris
パリ蒸留所

ラオス

Laodi
ラオディ蒸留所

日本

Nine Leaves
ナインリーヴズ蒸留所

Distillerie Kikusui (Ryoma)
菊水酒造 (竜馬の生産元)

Distillerie d'Indochine (Sampan)
インドシナ蒸留所 (サンパンの生産元)

ベトナム

フィリピン

Distillerie Bago (Don Papa)
バゴ蒸留所 (ドンパパの生産元)

カンボジア

Samai
サマイ蒸留所

タヒチ

タイ

Chalong Bay
チャロンベイ蒸留所

SangSom Company Ltd.
センソム蒸留所

Mhoba
モバ蒸留所

Zululand Distilling
Company Ltd.
ズールーランド蒸留所

オーストラリア

Manutea
マヌテア蒸留所

Husk Distillers
ハスク蒸留所

Mana'o
マナオ蒸留所

南アフリカ共和国

付録

さあ、いよいよ最終章だ。新しいラムを買って、次のテイスティング
会を開く時に役立つ専門用語や豆知識的な数字を最後に少しまとめて
みた。

ラム用語集

ラムは他のスピリッツにはない個性を持っている。知っておくとためになる（通になった気分になれる）専門用語をいくつか紹介しよう。

%ABV、vol%とは？

ABVとはAlcohol by Volumeの略称で、アルコール飲料に対するエタノールの体積濃度を百分率（%）で示したアルコール度数を表す数値である。たとえばアルコール度数が45%のラムは、ABV 45%と表す。45vol%という表記も同じ意味である。

アグアルディエンテ（Aguardiente）

スペイン語で「燃えるような水」を意味する言葉で、中南米ではホワイトラムのことを指す。

ブレンディング（調合）

熟成樽、熟成年数が異なるラム原酒を調合して、調和のとれた香味特性に仕上げるための工程。

バガス（Bagasse）

サトウキビを圧搾した際に発生する繊維質の搾りかす。

クレラン（Clairin）

サトウキビの搾り汁を発酵、蒸留して作るハイチ産のアグリコールラム。

ハートまたはミドル・カット（中留）

蒸留工程でヘッド（前留）とテール（後留）を取り除き、度数の安定した中間部分だけを製品化すること。

ブリュット・ド・コロンヌ（Brut de colonne）

蒸留直後のアルコール度数のままでボトリングされたラム。

カスクストレングス（Cask strength）

樽熟成後のアルコール度数のままでボトリングされたラム。

クレオールコラム

フランス領アンティルで使用されている銅製の小型蒸留機。数段の棚からなるコラム式で、棚に穴が開いている。

煙を出す蒸留所（ディスティルリー・フュマント）

フランス領アンティルでは、稼働中の蒸留所のことを指す。

加糖

ボトリング前のラムに砂糖を加えること。

ダンダー（Dunder）

濃厚な香味を出すために、発酵中のもろみに添加する蒸留残液。ハイエステルラムの製造に使われる。

大樽（バット）

大容量の木樽。

ライトラム

コラムスチルで蒸留された、アロマが控えめなライトタイプのラム。カクテルに使われることが多い。

モノヴァラエタル

単一品種のサトウキビで作られたアグリコールラム。

ネイヴィーラム（Navy rum）

旧イギリス領の植民地、バルバドス、ガイアナ、トリニダード・トバゴの2〜3国で生産された熟成ラムを調合したラム。

カシャッサ（Cachaça）

サトウキビの搾り汁を発酵、蒸留したブラジル伝統のスピリッツ。

補酒

樽詰めしたラムが熟成途中で蒸発した分を、同じ熟成年数のラムで補う作業。

オーバープルーフ

イギリス海軍で使われていたアルコール度数の単位が「プルーフ」。当時、ラム酒に火薬を漬けて発火するかどうかでアルコール度数を調べており、発火するアルコール度数を100プルーフ（約57%）とした。現在では、50%以上の強いラムを「オーバープルーフ」と呼んでいる。

エンジェルズシェア（天使の分け前）

樽熟成の間に蒸発するラムの一部。熟成させる場所（トロピカルまたはコンティネンタル）で、蒸発量は大きく異なる。

アグリコールラム（ロム・アグリコール）

サトウキビの搾り汁をそのまま発酵、蒸留させたラム。

インダストリアルラム（トラディショナルラム）

砂糖を造った後に残る糖蜜（モラセス）を原料とするラム。

シングルカスク（Single cask）

1つの樽の原酒のみをボトリングしたラム。

ソレラシステム（Solera）

熟成年数の長い樽から短い樽へとピラミッド状に積み上げて、上から下へと少量ずつ注ぎ足しながら熟成させる方法。

サトウキビの搾り汁

アグリコールラムの原料となるサトウキビから搾りとったジュース。

ラムにまつわる数字

数字と聞くと退屈かもしれないが、なかには驚きのデータもある！

86,3%

インディペンデント・ボトラーの「オールド・ブラザーズ」(Old Brothers) が販売するポットスチル・ラムのアルコール度数

12,000

スティーヴ・ラムスバーク (Steve Remsberg) が個人でコレクションしているラムボトルの本数。

20,100,000ℓ

2019年にフランスのスーパーマーケットで売れたホワイトラムの総量。

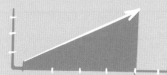

200

2019年にイギリスで販売されたラムのブランド数。2006年は50だった。

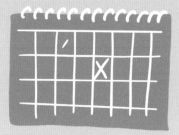

8月16日

アメリカのナショナル・ラム・デー。（7月11日：モヒート・デー、7月19日：ダイキリ・デー、6月30日または8月30日：マイタイ・デー）

24時間に 10万ℓ

プエルトリコにある、「ラムの大聖堂」とも呼ばれる「カーサ・バカルディ蒸留所」(Bacardí) の1日のラム生産量。

10億£

イギリスにおける2019年のラム販売高（約10.9億€）。

1703

バルバドスに世界最古のラム蒸留所、「マウントゲイ」(Mount Gay) が創設された年。現在も稼働している。

巻末目次

著者
ミカエル・ギド

フランス、ブルゴーニュ地方出身。ワインの名産地、コート・ド・ボーヌ地区、ニュイ・サン・ジョルジュ地区のすぐ側で育ち、ワインバーやカーヴに足繁く通う。2012年、ウイスキーやスピリッツなどの酒情報を愛好家同士が共有するサイトForGeorge.comを立ち上げ、酒類の魅力をより多くの人に伝えるために、積極的に活動している。この情報発信サイトは立ち上げの数カ月前に他界した、家族で食前酒を楽しむひと時をこよなく愛した祖父へのオマージュでもある。スピリッツに対する情熱は尽きることなく、世界中の蒸留所を訪ね、数多くの品評会に審査員として参加している。フランスMARABOUT（マラブー）社より『Le Whisky c'est pas sorcier』（2016）〈日本語版『ウイスキーは楽しい！』(小社刊)〉、『Les Cocktails c'est pas sorcier』（2017）〈日本語版『カクテルは楽しい！』(小社刊)〉を上梓。
https://www.forgeorges.fr/

訳者
河 清美

広島県尾道市生まれ。東京外国語大学フランス語学科卒。翻訳家、ライター。主な訳書に『ワインは楽しい！』『コーヒーは楽しい！』『ウイスキーは楽しい！』『ビールは楽しい！』『カクテルは楽しい！』『美しいフランス菓子の教科書』『ワインの世界地図』『やさしいフランスチーズの絵本』『美しい世界のチーズの教科書』(小社刊)、共編書に『フランスAOCワイン事典』(三省堂)などがある。

イラストレーター
ヤニス・ヴァルツィコス

アートディレクター、イラストレーター。フランスの出版社MARABOUT（マラブー）社の書籍のイラスト、デザインを数多く手掛けている。主にイラストを手がけた本として『Le vin c'est pas sorcier』（2013）〈日本語版『ワインは楽しい！』(小社刊)〉、『Le Grand Manuel du Pâtissier』（2014）〈日本語版『美しいフランス菓子の教科書』(小社刊)〉、『Le Café, c'est pas sorcier』（2016）〈日本語版『コーヒーは楽しい！』(小社刊)〉、『Le Whisky c'est pas sorcier』（2016）〈日本語版『ウイスキーは楽しい！』(小社刊)〉、『Le Bière c'est pas sorcier』（2016）〈日本語版『ビールは楽しい！』(小社刊)〉、『Les Cocktails, c'est pas sorcier』（2017）〈日本語版『カクテルは楽しい！』(小社刊)〉、『Pourquoi les spaghetti bolognèses n'existent pas』（2019）〈日本語版『フランス式おいしい調理科学の雑学』(小社刊)〉などがある。
https://lacourtoisiecreative.com/
https://lacourtoisiecreative.myportfolio.com/

翻訳版参考文献

『ラム酒の歴史』 リチャード・フォス 著　内田智穂子 翻訳　2018年　原書房
『砂糖の歴史』 アンドルー・F・スミス 著　手嶋由美子 翻訳　2016年　原書房
『ラム酒大全』 日本ラム協会著　2017年　誠文堂新光社

ラム酒は楽しい！
2022年5月8日　初版第1刷発行

著者／ミカエル・ギド
イラスト／ヤニス・ヴァルツィコス
訳者／河 清美
装丁・DTP／小松洋子
校正／株式会社 ぷれす
制作進行／関田理恵

発行人／三芳寛要
発行元／株式会社パイ インターナショナル
〒170-0005 東京都豊島区南大塚2-32-4
TEL 03-3944-3981　FAX 03-5395-4830
sales@pie.co.jp

印刷・製本／シナノ印刷株式会社

©2022 PIE International
ISBN978-4-7562-5497-9 C0077
Printed in Japan

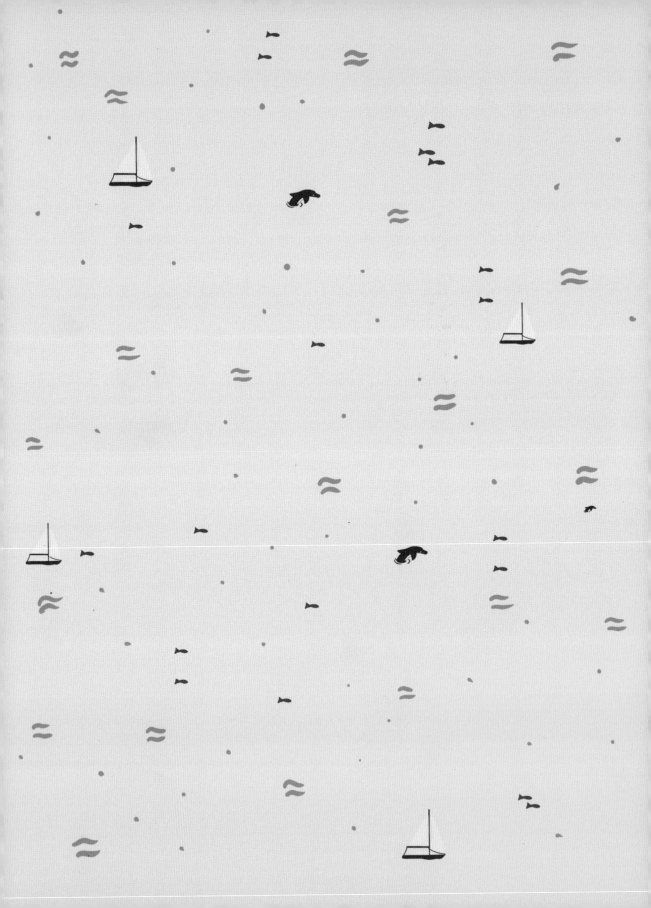